U0291105

内　容　提　要

　　本教材是全国高等农林院校"十二五"规划教材. 该教材参考教育部非数学类专业数学基础课程教学指导委员会制定的非数学类专业概率论课程教学基本要求，结合多年来教学体会，对已有教材进行改进的基础上编写而成. 本教材的特点是力求深入浅出，便于学生学习掌握概率论的基本内容和方法.

　　全书共五章，内容包括：随机事件及其概率、一维随机变量及其分布、多维随机变量及其分布、随机变量的数字特征和极限定理.

　　本教材适合作为普通高等学校非数学类各专业概率论课程教材或学习参考书，特别是工科、经济、管理和农林类各专业，概率论课程教材或学习参考书，也可作为各类科技和管理人员的参考书.

普通高等教育农业部"十二五"规划教材
全国高等农林院校"十二五"规划教材

概　率　论

刘金山　主编

中国农业出版社

编写人员名单

主　编　刘金山

副主编　肖　莉　李泽华

参　编　郑国庆　朱玲湘　朱艳科

　　　　　夏　强　杨志程　李　朗

前 言

本教材是全国高等农林院校"十二五"规划教材. 该教材参考教育部非数学类专业数学基础课程教学指导委员会制定的非数学类专业概率论课程教学基本要求,结合多年来教学实践中的经验和体会,对已有教材进行认真改进的基础上编写而成,其目的是为高等学校工科、经济、管理和农林类各专业学生提供一本比较适合的教材或学习参考书.

概率论是定量地研究随机现象统计规律的现代数学分支之一,它有着非常广泛的应用背景,在工业、农业、商业、军事、科学研究、工程技术、经济管理等几乎所有领域都有重要应用. 随着现代科学技术的迅猛发展,特别是计算机和信息技术的发展,近年来概率方法在经济、金融、保险、生物、农林、医学和管理等许多领域中得到了广泛应用和深入发展. 正是这种广泛的应用性,使得概率论成为高等学校大部分专业开设的一门重要的必修或选修课程. 通过本课程的学习可以使学生学习掌握处理随机性观察数据的基本理论和方法,为各专业知识的深入学习或应用打下良好的基础.

概率论有着与其他数学课程不同的特点,在很多场合下,用概率方法分析解决问题非常类似于分析解决来自于实际问题的数学模型,初学者往往对概念的理解和方法的掌握感到困难. 考虑到这些原因以及许多专业开设的概率论课程教学时数往往不是很充足的情况,本教材在取材和编排上进行了一些改进和尝试,力求做到深入浅出,便于在较短时间内能够使学生学习掌握概率论的核心内容和基本方法. 各章配有较为丰富的习题(附参考答案)，以供选用.

　　本书由华南农业大学的老师编写，其中第1、4、5章初稿由李泽华执笔，第2、3章初稿由肖莉执笔，刘金山负责全书的统稿和定稿. 其他编写人员在对全书进行仔细阅读的基础上，对所负责的章节进行修改和完善，其中郑国庆、朱玲湘、朱艳科、杨志程、李朗分别负责第1、2、3、4、5章的正文和习题，夏强负责各章内容的修改和课件建设工作.

　　由于作者水平有限，书中难免有缺点和错误，敬请读者批评指正.

编　者

2011 年 4 月

目　　录

前言

第1章　随机事件及其概率 1

　1.1　基本概念 1

　1.2　事件的概率 6

　1.3　古典概率模型 10

　1.4　条件概率 16

　1.5　事件的独立性 22

　　习题1 25

第2章　一维随机变量及其分布 29

　2.1　随机变量的定义 29

　2.2　随机变量的分布函数 30

　2.3　离散型随机变量 31

　2.4　连续型随机变量 37

　2.5　一维随机变量函数的分布 44

　　习题2 48

第3章　多维随机变量及其分布 53

　3.1　二维随机变量的联合分布 53

　3.2　二维离散型随机变量 55

　3.3　二维连续型随机变量 57

　3.4　边缘分布 60

　3.5　条件分布 64

　3.6　随机变量的独立性 69

　3.7　二维随机变量函数的分布 72

　　习题3 80

第 4 章　随机变量的数字特征 ························· 84

　4.1　随机变量的数学期望 ························· 84

　4.2　随机变量的方差 ························· 93

　4.3　协方差和相关系数 ························· 98

　习题 4 ························· 101

第 5 章　极限定理 ························· 105

　5.1　大数定律 ························· 105

　5.2　中心极限定理 ························· 109

　习题 5 ························· 114

附表 1　标准正态分布函数 $\Phi(x)$ 数值表 ························· 116

附表 2　泊松分布表 ························· 118

习题参考答案 ························· 120

主要参考文献 ························· 132

第 1 章 随机事件及其概率

在自然界和人类社会活动中，人们观察到的现象大致上可分为两类：一类是事先可以预知结果的现象，即在一定条件下，某结果必然会发生，或根据它过去的状态，完全可以预知它将来的发展状态．我们称这一类现象为**确定性现象**或**必然现象**．例如，在一个标准大气压下，水加热到 100 ℃时必然沸腾；在没有外力的作用下，作匀速直线运动的物体必然继续作匀速直线运动，等等．这类现象的共同特点是：在相同的条件下，其结果必然出现且唯一．另一类是事先不能预知结果的现象，即在相同条件下重复进行试验时，每次出现的结果未必相同，或者即使知道它过去的状态，也不能确定它将来的发展状态．我们称这一类现象为**随机现象**或**偶然现象**．例如，某地区的年降雨量；打靶射击时，弹着点离靶心的距离；晚间收看某一电视节目的人数，等等．这类现象的共同特点是：在相同条件下重复进行试验或观测，其结果不止一个，在每次试验之前不能预知该次试验的确切结果．另外，在非确定性现象中，还有一类不能重复试验或观测的现象．例如，人们无法确定 2050 年会不会爆发某种流行性疾病；若干年后我国的经济增长速度是多少，等等．这种不可重复的现象也归属于随机现象．

对于随机现象，人们通过大量的实践发现，在相同的条件下，虽然某种试验结果在一次试验或观察中是否出现是不确定的，但在大量重复试验中却能呈现出某种规律性，这种规律性称为统计规律性．例如，多次抛掷一枚均匀的硬币时，带国徽的一面朝上的次数约占抛掷总次数的一半．概率论就是研究随机现象统计规律的一门学科．

1.1 基本概念

1.1.1 随机试验与事件

我们可能遇到过各种各样的试验．比如，物理、化学、生物、农业实验，等等．在概率论中，我们把在一定条件下对某种现象的一次观测、测量或进行一次科学实验，统称为一个试验．我们是通过研究随机试验来研究随机现象统计规律的．

若在相同条件下进行某种试验时，出现的结果相同，人们可以通过控制试验条件获得预期的结果．然而，在现实世界中，人们往往不能事先知道某次试验到底会出现什么样的结果．也就是说，即使试验是在相同条件下进行的，但每次试验的结果可能不同．在概率论中，一般称满足下面两个条件的试验为**随机试验**：

（1）在相同条件下可以重复进行；

（2）每次试验结果事先不可预知，但所有可能的试验结果事先知道．

以后提到的试验一般是指随机试验，且常用字母 E 表示随机试验．下面是一些随机试验的例子：

E_1：抛掷一颗骰(tóu)子，观察出现的点数；

E_2：将一枚硬币连续抛掷两次，观察其正反面出现的情况；

E_3：将一枚硬币连续抛掷两次，观察其正面出现的次数；

E_4：观察某城市某个月内交通事故发生的次数；

E_5：观察一只灯泡的使用寿命 t，假定灯泡寿命不会超过 5 000 h；

E_6：一射手进行射击时，观测其弹着点距目标的偏差 d；

E_7：记录某地区一昼夜的最低气温 x 和最高气温 y．

对一个随机试验，我们把所有可能的试验结果组成的集合称为该试验的样本空间，记为 Ω. 样本空间中的每个元素称为样本点．在上述 7 个试验中，若以 Ω_i 表示试验 E_i 的样本空间，$i=1,2,\cdots,7$，则

$\Omega_1=\{1,2,3,4,5,6\}$；

$\Omega_2=\{HH,HT,TH,TT\}$，其中 H 表示正面，T 表示反面；

$\Omega_3=\{0,1,2\}$；

$\Omega_4=\{0,1,2,\cdots\}$；

$\Omega_5=\{t\,|\,0\leqslant t\leqslant 5000\}$；

$\Omega_6=\{d\,|\,d\geqslant 0\}$；

$\Omega_7=\{(x,y)\,|\,T_0\leqslant x\leqslant y\leqslant T_1\}$，其中 T_0 和 T_1 分别表示这一地区的最低气温和最高气温．

对于样本空间应注意下面几点：

（1）样本空间是一个集合，它由样本点组成，可以用列举法或描述法来表示；

（2）在样本空间中，样本点可以是一维的，也可以是多维的，样本点个数可以是有限个，也可以是无限的．

（3）对于一个随机试验而言，试验的目的不同，样本空间往往也不同．例如，E_2 和 E_3 虽然都是将一枚硬币抛掷两次，但由于试验目的不同，因此样本

空间不同，E_2 的样本空间为 $\Omega_2=\{HH，HT，TH，TT\}$，E_3 的样本空间为 $\Omega_3=\{0，1，2\}$.

（4）如果样本空间是有限的，则称其为有限样本空间，如 $\Omega_1\sim\Omega_3$. 如果样本空间是无限的，则称其为无限样本空间，如 $\Omega_4\sim\Omega_7$. 如果样本空间是可数[1]无限的，则称其为可数样本空间，如 Ω_4.

我们把样本空间的任一个子集称为一个**随机事件**，简称为**事件**，常用大写字母 A，B，C，…表示. 因此，随机事件就是随机试验的某些结果（样本点）组成的集合. 特别地，由一个样本点组成的单点集合称为**基本事件**. 在一个试验中，事件 A 发生当且仅当 A 中的某个样本点出现，这就是事件 A 发生的含义.

例 1.1.1　在抛掷一颗骰子的试验中，若用 A 表示"出现偶数点"，B 表示"出现奇数点"，C 表示"出现 3 点或 3 点以上". 假设试验的目的是观察出现的点数，试写出样本空间，并用样本点表示事件 A，B，C.

解　该试验有 6 个可能的结果，样本空间为 $\Omega=\{1，2，3，4，5，6\}$，事件 A，B，C 分别表示为 $A=\{2，4，6\}$，$B=\{1，3，5\}$，$C=\{3，4，5，6\}$.

例 1.1.2　从一批电脑中任取一台，观察其无故障运行的时间 T（单位：h）. A 为事件"恰好运行 240 h"，B 为事件"运行 240 h 以上"，C 为事件"运行不超过 480 h". 试写出样本空间，并用样本点子集表示事件 A，B，C.

解　样本空间为 $\Omega=\{T|T\geqslant0\}$，事件 A，B，C 分别表示为 $A=\{T|T=240\}$，$B=\{T|T>240\}$，$C=\{T|T\leqslant480\}$.

样本空间 Ω 是其自身的一个子集，因此它也是一个事件，该事件包含所有的样本点，在每次试验中必然发生，它表示必然事件. 空集 $\varnothing$ 不包含任何样本点，每次试验均不会发生，它表示不可能事件. 例如，在抛掷骰子的试验中，"点数小于 7"是必然事件，"点数大于 6"是不可能事件.

严格地说，必然事件与不可能事件反映了确定性现象，它们并不是真正的随机事件，但为了研究问题的方便，我们把它们作为特殊的随机事件对待.

---

[1] 在集合论中，一个集合的元素个数称为**势**，势为有限的集合称为有限集，势为无限的集合称为无限集. 两个集合的势相同，称两个集合**对等**. 在无限集中，凡是与自然数集对等的集合称为**可数集**或**可列集**. 不可数的无限集称为**不可数集**. 直观地，可数集是一个包含无穷多个元素的集合，集合中的元素能按某种方式与自然数集合形成一一对应，即能一个一个地数下去. 例如，偶数集、奇数集、整数集等都是可数集，但实数轴上的任何连续的区间都是不可数集.

1.1.2　事件的关系与运算

因为事件是集合，即样本空间的子集，所以事件之间的关系和运算可以按照集合之间的关系和运算来处理．根据"事件发生"的含义，我们不难给出事件的关系与运算的定义和规则．

设 Ω 是样本空间，A，B，C 及 A_1，A_2，… 都是事件，即 Ω 的子集，它们有以下关系．

（1）**包含关系**：若 A 的发生必然导致 B 的发生，则称 B 包含 A 或 A 是 B 的子事件，记为 $B \supseteq A$ 或者 $A \subseteq B$，即 A 的元素全属于 B（图 1.1.1）.

（2）**相等关系**：若 $A \subseteq B$ 且 $B \subseteq A$，则称 A 与 B 相等，记为 $A = B$. 即 A 与 B 有相同的样本点．

（3）**事件的和**：对两个事件 A 和 B，定义事件
$$C = \{A \text{ 发生，或 } B \text{ 发生}\},$$
称其为 A 与 B 的和事件，记为 $C = A \cup B$. 事件 $A \cup B$ 发生，即 A 发生或 B 发生，意味着 A 与 B 至少有一个发生（图 1.1.2）.

和事件可以推广到多个事件的情形．设有 n 个事件 A_1，A_2，…，A_n，定义它们的和事件为
$$C = \bigcup_{k=1}^{n} A_k = \{A_1, A_2, \cdots, A_n \text{ 中至少有一个发生}\}$$
$$= \{A_1 \text{ 发生，或 } A_2 \text{ 发生，…，或 } A_n \text{ 发生}\}.$$

对无穷多个事件 A_1，A_2，…，A_n，…，可以类似地定义它们的和事件为
$$C = \bigcup_{k=1}^{\infty} A_k = \{A_1, A_2, \cdots, A_n, \cdots \text{中至少有一个发生}\}.$$

（4）**事件的积**：对两个事件 A 和 B，定义事件
$$C = \{A \text{ 发生，且 } B \text{ 发生}\},$$
称其为 A 与 B 的积事件，记为 $C = A \cap B$（或 $C = AB$）. 事件 AB 发生意味着 A 发生且 B 发生，即 A 与 B 同时发生（图 1.1.3）.

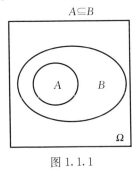

图 1.1.1

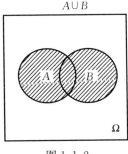

图 1.1.2

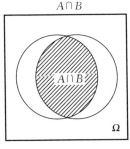

图 1.1.3

类似地，可以定义多个事件 A_1，A_2，$\cdots$，A_n，$\cdots$ 的积事件．根据事件的个数为有限和无限情况分别有下列积事件：

$$C = \bigcap_{k=1}^{n} A_k = \{A_1，A_2，\cdots，A_n \text{ 同时发生}\}，$$

$$C = \bigcap_{k=1}^{\infty} A_k = \{A_1，A_2，\cdots，A_n，\cdots \text{同时发生}\}．$$

(5) **事件的差**：对两个事件 A 和 B，定义事件

$$C = \{A \text{ 发生，且 } B \text{ 不发生}\}，$$

称其为 A 与 B 的差事件，记为 $C = A \setminus B$，即 A 发生但 B 不发生的事件(图 1.1.4)．容易知道 $A \setminus B = A \setminus AB$．

(6) **互斥事件**：若两个事件 A 与 B 不能同时发生，即 $AB = \varnothing$，则称 A 与 B 是互斥事件，或称它们互不相容(图 1.1.5)．若事件 A_1，A_2，$\cdots$，A_n 中任意两个都互斥，则称事件组 A_1，A_2，$\cdots$，A_n 两两互斥．

当事件 A 与 B 互斥时，可记它们的和事件 $A \cup B$ 为 $A + B$；对于两两互斥的多个事件的和事件有类似的记法．

(7) **对立事件**："A 不发生"的事件称为 A 的对立事件，记为 $\bar{A}$，即 $\bar{A} = \Omega \setminus A$ (图 1.1.6)，并称 A 与 $\bar{A}$ 为互逆事件．它们互为对立事件，满足 $A \cup \bar{A} = \Omega$，$A\bar{A} = \varnothing$，$\bar{\bar{A}} = A$．

例如，在抛掷硬币的试验中，设 A 为"出现正面"，B 为"出现反面"，则 A 与 B 互斥且 A 与 B 互为对立事件；在掷骰子的试验中，设 A 为"出现 1 点"，B 为"出现 3 点以上"，则 A 与 B 互斥，但 A 与 B 不是对立事件．

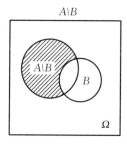

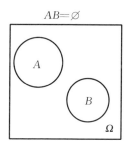

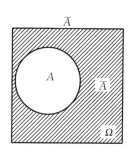

图 1.1.4　　　　　　　　　图 1.1.5　　　　　　　　　图 1.1.6

设 A，B，C 为事件，根据集合的运算规则，有以下事件运算规则：

(1) **交换律**：$A \cup B = B \cup A$；$AB = BA$．

(2) **结合律**：$(A \cup B) \cup C = A \cup (B \cup C) = A \cup B \cup C$；

$\qquad\qquad (AB)C = A(BC) = ABC$．

(3) **分配律**：$(A \cup B)C = (AC) \cup (BC)$；$(AB) \cup C = (A \cup C)(B \cup C)$．

（4）**对偶**（de morgan）**律**：

$$\overline{A \cup B} = \overline{A}\,\overline{B}, \quad \overline{AB} = \overline{A} \cup \overline{B}.$$

对于多个事件的情况，上述运算规则仍然成立．例如：

$$A(A_1 \cup A_2 \cup \cdots \cup A_n) = (AA_1) \cup (AA_2) \cup \cdots \cup (AA_n);$$

$\overline{\bigcup\limits_{k=1}^{n} A_k} = \bigcap\limits_{k=1}^{n} \overline{A}_k$，即 A_1，A_2，$\cdots$，A_n 中至少有一个发生的对立事件是 A_1，A_2，$\cdots$，A_n 都不发生；

$\overline{\bigcap\limits_{k=1}^{n} A_k} = \bigcup\limits_{k=1}^{n} \overline{A}_k$，即 A_1，A_2，$\cdots$，A_n 都发生的对立事件是 A_1，A_2，$\cdots$，A_n 中至少有一个不发生．

上述运算规则也可以推广到无穷多个事件的情况．

例 1.1.3　向指定目标连续射击 3 次，观察击中目标的情况．用 A_1，A_2，A_3 分别表示事件"第一、二、三次射击时击中目标"，试用 A_1，A_2，A_3 表示以下各事件：（1）只第一次击中；（2）只击中一次；（3）三次都未击中；（4）至少击中一次．

解　（1）事件"只第一次击中"，意味着第二次和第三次都不中，所以，该事件可表示为 $A_1 \overline{A}_2 \overline{A}_3$．

（2）事件"只击中一次"，并不指定哪一次击中．意味着三个事件"只第一次击中"、"只第二次击中"和"只第三次击中"至少有一个发生，即它们的和事件发生．由于上述三个事件两两互斥，所以，该事件可表示为 $A_1 \overline{A}_2 \overline{A}_3 + \overline{A}_1 A_2 \overline{A}_3 + \overline{A}_1 \overline{A}_2 A_3$．

（3）事件"三次都未击中"，就是事件"第一、二、三次都未击中"，该事件可表示为 $\overline{A}_1 \overline{A}_2 \overline{A}_3$ 或 $\overline{A_1 \cup A_2 \cup A_3}$．

（4）事件"至少击中一次"，就是事件"第一、二、三次射击中至少一次击中"，所以，该事件可表示为 $A_1 \cup A_2 \cup A_3$．

1.2　事件的概率

除必然事件和不可能事件外，任何随机事件在一次试验中可能发生，也可能不发生．我们常常希望知道某事件在一次试验中发生的可能性大小．例如，知道了某批种子的发芽率就可以科学合理地安排播种；知道了某种流行疾病的传播规律，就可以提前进行预防和控制；知道了某食品在某段时间内变质的可能性大小，就可以合理地制定该食品的保质期，等等．为了合理地刻画事件在一次试验中发生的可能性大小，我们首先引入频率的概念，然后根据频率的性质定义事件发生的概率，并讨论概率的基本性质.

1.2.1 频率及概率的统计定义

1. 事件的频率

定义 1.2.1 在相同条件下，重复进行 n 次试验，事件 A 发生的次数 n_A 称为事件 A 发生的频数，比值 $\dfrac{n_A}{n}$ 称为事件 A 发生的频率，记为 $f_n(A)$.

由定义 1.2.1 不难发现，频率满足下列三条性质：

（1）**非负性**：对任意事件 A，$f_n(A) \geqslant 0$；

（2）**规范性**：$f_n(\Omega) = 1$；

（3）**有限可加性**：若 A_1，A_2，$\cdots$，A_k 为两两互斥事件，则

$$f_n\left(\bigcup_{i=1}^{k} A_i\right) = \sum_{i=1}^{k} f_n(A_i).$$

例 1.2.1 考虑某种子发芽率试验，从一大批种子中抽取 7 批种子做试验，其结果见表 1.2.1.

表 1.2.1 种子发芽率试验数据

种子粒数	10	70	310	700	1 500	2 000	3 000
发芽粒数	10	60	282	639	1 339	1 806	2 706
发芽率	1.0	0.857	0.910	0.913	0.893	0.903	0.902

本例中，将观察一粒种子是否发芽视为一次试验，若种子发芽，则记事件 A 发生. 从表 1.2.1 中不难发现，事件 A 在 n 次试验中发生的频率 $f_n(A)$ 具有随机波动性. 当 n 较小时，随机波动的幅度较大，当 n 较大时，随机波动的幅度较小. 随着 n 的逐渐增大，$f_n(A)$ 逐渐稳定于固定值 0.9.

例 1.2.2 在英文中某些字母出现的频率远远高于其他字母. 当观察次数 n（试验的总次数）较小时，频率有较大幅度的随机波动性，当 n 增大时，频率呈现出稳定性. 表 1.2.2 是一份英文字母出现频率的稳定值统计表.

表 1.2.2 英文字母出现频率数据

字 母	E	T	A	O	I	N	S	R	T
频率	0.126 8	0.097 8	0.078 8	0.077 6	0.070 7	0.070 6	0.063 4	0.059 4	0.057 3
字 母	L	D	U	C	F	M	W	Y	G
频率	0.039 4	0.038 9	0.028 0	0.026 8	0.025 6	0.024 4	0.021 4	0.020 2	0.018 7
字 母	P	B	V	K	X	J	Q	Z	
频率	0.018 6	0.015 6	0.010 2	0.006 0	0.001 6	0.001 0	0.000 9	0.000 6	

字母使用频率的研究在打字机键盘的设计（方便的地方安排使用频率较高

的字母键)、信息编码(常用字母使用较短的编码表示)和密码的破译等方面有重要意义.

人们在长期的实践中观察到,随机事件 A 出现的频率 $f_n(A)$ 有如下特点:当试验次数 n 较小时,频率 $f_n(A)$ 在 $0\sim1$ 之间波动较大;当试验次数 n 增大时,频率 $f_n(A)$ 逐渐接近于某一个常数.这种特性称为频率的稳定性,也就是通常所说的统计规律性.因此,用频率的稳定值来刻画事件 A 发生的可能性大小是合适的.实践中,人们常常让试验重复大量次数,计算频率 $f_n(A)$,用它来表征事件 A 发生的概率.这个概率就是统计定义下的概率.

2. 概率的统计定义

定义 1. 2. 2　在相同条件下,重复进行 n 次试验,当试验次数 n 增大时,如果某事件 A 发生的频率 $f_n(A)$ 在区间 $[0,1]$ 上的某一稳定值 p 附近摆动,且随着试验次数的增大,摆动的幅度越来越小,则称数值 p 为事件 A 发生的概率,记为 $P(A)=p$.

概率的统计定义是描述性的,它一方面肯定了随机事件的概率是存在的,另一方面它提供了概率的一个具体估计值,即当试验重复次数 n 较大时,可以用频率的稳定值作为概率的估计值,这一点是频率方法最有价值的地方.但其不足之处是需要进行大量的重复试验.在实际中,要把一个试验无限次地重复下去,往往是不经济的或不现实的.因此,概率的统计定义有一定的局限性.

1.2.2　概率的定义和性质

在历史上,为了更好地刻画随机事件的概率,人们提出了多种概率定义,其中著名数学家柯尔莫哥洛夫于 1933 年提出的概率公理化定义最为成熟.这个定义概括了历史上几种概率定义的共有特性,即不管什么随机现象,只要某函数满足定义中的三条公理,就称它为概率.这个定义给予了概率论严格的数学基础,并使得概率论的研究方法和结果能用于其他科学领域.这一公理化体系迅速得到举世公认,是概率论发展史上的一个里程碑.有了这个公理化定义后,概率论得到了迅速的发展.

定义 1. 2. 3　设随机试验 E 的样本空间为 Ω,对每个事件 $A\subseteq\Omega$,定义一个实数 $P(A)$ 与之对应.称集合函数 $P(A)$ 为事件 A 的概率,如果它满足下列三条公理:

公理一(非负性):对任意事件 A,$P(A)\geqslant0$;

公理二(规范性):对必然事件 Ω,$P(\Omega)=1$;

公理三(可数可加性):对任意可数个两两互斥的事件 A_1,A_2,…,

A_n，$\cdots$，$P(\bigcup\limits_{i=1}^{\infty} A_i) = \sum\limits_{i=1}^{\infty} P(A_i)$.

由概率的上述定义，可以推得概率的一些重要性质.

性质 1　$P(\varnothing)=0$.

证明　因为 $\varnothing = \varnothing \cup \varnothing \cup \cdots \cup \varnothing \cup \cdots$，由公理三有
$$P(\varnothing) = P(\varnothing) + \cdots + P(\varnothing) + \cdots,$$
又由公理一有 $P(\varnothing) \geqslant 0$，因此有 $P(\varnothing) \geqslant 2P(\varnothing)$，$P(\varnothing) \leqslant 0$，故必有 $P(\varnothing)=0$.

性质 2　若 A_1，A_2，$\cdots$，A_n 两两互斥，则 $P(\bigcup\limits_{i=1}^{n} A_i) = \sum\limits_{i=1}^{n} P(A_i)$.

证明　因为 $\bigcup\limits_{i=1}^{n} A_i = \bigcup\limits_{i=1}^{n} A_i \cup \varnothing \cup \varnothing \cup \cdots$，利用公理三和性质 1 有

$$P(\bigcup\limits_{i=1}^{n} A_i) = P(\bigcup\limits_{i=1}^{n} A_i \cup \varnothing \cup \cdots) = P(A_1) + \cdots + P(A_n) + P(\varnothing) + \cdots$$
$$= \sum\limits_{i=1}^{n} P(A_i).$$

特别地，若 $AB=\varnothing$，则 $P(A \cup B) = P(A) + P(B)$.

性质 3　对任意事件 A，有 $P(\overline{A}) = 1 - P(A)$.

证明　因为 $A \cup \overline{A} = \Omega$，$A\overline{A} = \varnothing$，所以
$$1 = P(\Omega) = P(A \cup \overline{A}) = P(A) + P(\overline{A}),$$
移项即得
$$P(\overline{A}) = 1 - P(A).$$

有些事件直接计算其概率较为复杂，而其对立事件的概率则相对比较容易计算. 对此类事件可以利用性质 3 计算其概率.

性质 4　对任意事件 A，B，有 $P(A \setminus B) = P(A) - P(AB)$. 特别是，若 $B \subseteq A$，则 $P(A \setminus B) = P(A) - P(B)$，且 $P(B) \leqslant P(A)$.

证明　因为 $A = (A \setminus B) \cup AB$ 且 $(A \setminus B) \bigcap AB = \varnothing$，所以
$$P(A) = P((A \setminus B) \cup AB) = P(A \setminus B) + P(AB),$$
移项即得
$$P(A \setminus B) = P(A) - P(AB).$$

特别是，若 $B \subseteq A$，则 $P(AB) = P(B)$，
即有 $P(A \setminus B) = P(A) - P(B)$.

又由于 $P(A \setminus B) \geqslant 0$，所以 $P(B) \leqslant P(A)$.

性质 5　对任意事件 A，$P(A) \leqslant 1$.

证明　因为 $A \subseteq \Omega$，由性质 4 即得 $P(A) \leqslant P(\Omega) = 1$.

性质 6　对任意事件 A，B，有 $P(A \cup B) = P(A) + P(B) - P(AB)$.

证明　因为 $A \cup B = A \cup (B \setminus AB)$，且 $A \bigcap (B \setminus AB) = \varnothing$，$AB \subseteq B$，由性质 2 和性质 4 有
$$P(A \cup B) = P(A) + P(B \setminus AB) = P(A) + P(B) - P(AB).$$

性质 6 称为概率的广义加法公式，该性质可以推广到多个事件．设 A_1，A_2，$\cdots$，A_n 是任意 n 个事件，则有

$$P(A_1 \bigcup A_2 \bigcup \cdots \bigcup A_n) = \sum_{i=1}^{n} P(A_i) - \sum_{1 \leqslant i < j \leqslant n} P(A_i A_j) +$$
$$\sum_{1 \leqslant i < j < k \leqslant n} P(A_i A_j A_k) + \cdots + (-1)^{n+1} P(A_1 A_2 \cdots A_n).$$

特别地，对任意事件 A，B，C，有

$$P(A \bigcup B \bigcup C) = P(A) + P(B) + P(C) - P(AB) - P(AC) - P(BC) + P(ABC).$$

例 1.2.3　小王参加"智力大冲浪"游戏，他能答出甲、乙两类问题的概率分别为 0.7 和 0.2，两类问题都能答出的概率为 0.1．求：(1) 答出甲类而答不出乙类问题的概率；(2) 至少有一类问题能答出的概率；(3) 两类问题都答不出的概率；(4) 至少有一类问题答不出的概率．

解　设事件 A，B 分别表示"能答出甲、乙类问题"，则 $P(A) = 0.7$，$P(B) = 0.2$，$P(AB) = 0.1$，所求概率分别为

(1) $P(A\bar{B}) = P(A \setminus AB) = P(A) - P(AB) = 0.7 - 0.1 = 0.6$；

(2) $P(A \bigcup B) = P(A) + P(B) - P(AB) = 0.7 + 0.2 - 0.1 = 0.8$；

(3) $P(\bar{A}\bar{B}) = P(\overline{A \bigcup B}) = 1 - P(A \bigcup B) = 1 - 0.8 = 0.2$；

(4) $P(\bar{A} \bigcup \bar{B}) = P(\overline{A B}) = 1 - P(AB) = 1 - 0.1 = 0.9$．

需要指出的是，上例中 $P(AB) = 0.1$，$P(AB) \neq P(A)P(B) = 0.7 \times 0.2 = 0.14$．一般来说 $P(AB) = P(A)P(B)$ 不成立，只有当 A，B 满足相互独立条件（见本章 1.5 节）时该等式才成立．

例 1.2.4　已知 $P(A) = P(B) = P(C) = \dfrac{1}{4}$，$P(AB) = 0$，$P(AC) = P(BC) = \dfrac{1}{9}$，求事件 A，B，C 都不发生的概率．

解　由于 $ABC \subseteq AB$，可知 $P(ABC) = 0$，所求概率为

$$P(\bar{A}\bar{B}\bar{C}) = P(\overline{A \bigcup B \bigcup C}) = 1 - P(A \bigcup B \bigcup C)$$
$$= 1 - [P(A) + P(B) + P(C) - P(AB) - P(AC) - P(BC) + P(ABC)]$$
$$= 1 - \left(\frac{1}{4} + \frac{1}{4} + \frac{1}{4} - 0 - \frac{1}{9} - \frac{1}{9} + 0\right) = \frac{17}{36}.$$

1.3　古典概率模型

古典概率模型是概率论早期研究的主要对象，比较直观．古典概率的计算

是概率论中最重要的内容之一．实际上，在应用中有大量的问题需要用古典概率计算方法来解决，而在理论物理等学科研究中也需要用到古典概率方法．由于古典概率的计算经常用到排列和组合计数方法，下面我们先简单介绍一些常用的排列组合算法．

1. 3. 1　排列与组合

排列与组合都是计算"从 n 个元素中任取 m 个元素"的取法计数公式，其主要区别是，如果不考虑取出元素的次序，则用组合公式，否则用排列公式．排列与组合公式的推导基于如下两条计数原理．

（1）**加法原理**：如果完成某件事情有 k 类不同的方法，在第一类中有 m_1 种方法，在第二类中有 m_2 种方法，$\cdots$，在第 k 类中有 m_k 种方法，那么完成这件事共有 $m_1+m_2+\cdots+m_k$ 种方法．

譬如，由甲地到乙地去旅游有三种交通工具：汽车、火车和飞机，其中汽车有 5 个班次，火车有 3 个班次，飞机有 2 个班次，那么从甲地到乙地共有 $5+3+2=10$ 个班次可供旅游者选择．

（2）**乘法原理**：如果某件事情需要 k 步才能完成，在第一步中有 m_1 种方法，在第二步中有 m_2 种方法，$\cdots$，在第 k 步中有 m_k 种方法，那么完成这件事共有 $m_1\times m_2\times\cdots\times m_k$ 种方法．

譬如，由甲地到乙地去旅游有 3 条路线，由乙地到丙地去旅游有 2 条路线，则由甲地经乙地去丙地旅游共有 $3\times2=6$ 条路线．

排列与组合的定义及计算公式如下：

1. 排列

从 n 个不同元素中任取 $m(m\leqslant n)$ 个元素排成一列（按次序），称为一个排列，这种排列的总数称为排列数，记为 A_n^m．

按照乘法原理，取出的第一个元素有 n 种取法，取出的第二个元素有 $n-1$ 种取法，$\cdots$，取出的第 m 个元素有 $n-m+1$ 种取法，所以有

$$A_n^m=n\times(n-1)\times\cdots\times(n-m+1)=\frac{n!}{(n-m)!}.$$

若 $m=n$，则称为全排列．显然有 $A_n^n=n!$．

2. 重复排列

从 n 个不同元素中选取 m 个元素排成一列，其中每个元素都可以重复选取，称为从 n 个不同元素中取 m 个元素的重复排列．此种重复排列数共有 n^m 个，这里的 m 允许大于 n．

3. 组合

从 n 个不同元素中任取 $m(m\leqslant n)$ 个元素组成一组（不考虑次序），称为一

个组合，这种组合的总数称为组合数，记为 C_n^m 或 $\binom{n}{m}$.

按照乘法原理有

$$C_n^m = \frac{A_n^m}{m!} = \frac{n \times (n-1) \times \cdots \times (n-m+1)}{m!} = \frac{n!}{m!(n-m)!}.$$

上述组合公式可以推广到多组组合模式．设有 n 个不同元素，要把它们分成 k 个组，使得各组元素个数分别为 n_1，$\cdots$，n_k，且满足 $n = n_1 + \cdots + n_k$，则一共有

$$\frac{n!}{n_1! \ n_2! \ \cdots n_k!} = C_n^{n_1} C_{n-n_1}^{n_2} C_{n-n_1-n_2}^{n_3} \cdots C_{n_k}^{n_k}$$

种不同的分法．我们也把多组组合模式称为有编号的分组模式．当 $k=2$ 时上式化为一般组合 $C_n^{n_1}$.

4. 常用的排列组合公式

(1) $C_n^m = C_n^{n-m}$.

直观例子：从全班 n 个同学中选取 m 个同学留下来搞卫生的选配方案总数 C_n^m 与从全班 n 个同学中选取 $n-m$ 个同学不需要搞卫生的选配方案总数 C_n^{n-m} 相等．

(2) $C_n^m + C_n^{m-1} = C_{n+1}^m$.

直观例子：一堆产品共 $n+1$ 个，其中恰有一个次品．从中选取 m 个组成一组的组合数 C_{n+1}^m 可以根据加法原理得到，即选取 m 个产品时，考虑各组都不包含次品和各组都包含次品两种情况．不包含次品的选取方法为 C_n^m 种，包含次品的选取方法为 C_n^{m-1}．由加法原理即知公式成立．

(3) $\sum\limits_{k=0}^{m} C_{n_1}^k C_{n_2}^{m-k} = C_{n_1+n_2}^m$.

直观例子：某个班集体共有 n_1+n_2 个同学，其中男生 n_1 人，女生 n_2 人．从中选取 $m(\leqslant n_1)$ 个同学组成一组的组合数 $C_{n_1+n_2}^m$ 可以根据加法原理得到，即选取 m 个同学时，男生数依次从 0 增加到 m，且恰有 k 个男生的选取方法有 $C_{n_1}^k C_{n_2}^{m-k}$ 种．

(4) $C_n^0 + C_n^1 + \cdots + C_n^n = 2^n$.

这是二项展开式 $(a+b)^n = \sum\limits_{k=0}^{n} C_n^k a^k b^{n-k}$ 当 $a=b=1$ 时的特殊情形．

1.3.2　古典概型

若一个随机试验满足：

（1）样本空间中只有有限个样本点(有限性)；

（2）每个样本点出现的可能性相等(等可能性)，

则称该随机试验为**古典型随机试验**，称该概率模型为**古典概型**或**等可能概型**.

设古典概型的样本空间 $\Omega=\{\omega_1，\omega_2，\cdots，\omega_n\}$，由于每个样本点出现的可能性相等，可知有

$$P(\{\omega_1\})=P(\{\omega_2\})=\cdots=P(\{\omega_n\}).$$

由于基本事件两两互斥，且 $\{\omega_1\}\bigcup\{\omega_2\}\bigcup\cdots\bigcup\{\omega_n\}=\Omega$，可得

$$\begin{aligned}
1=P(\Omega)&=P(\{\omega_1\}\bigcup\{\omega_2\}\bigcup\cdots\bigcup\{\omega_n\})\\
&=P(\{\omega_1\})+P(\{\omega_2\})+\cdots+P(\{\omega_n\})\\
&=nP(\{\omega_1\}),
\end{aligned}$$

于是　　　　　　　　$$P(\{\omega_1\})=P(\{\omega_2\})=\cdots=P(\{\omega_n\})=\frac{1}{n}.$$

若事件 A 中含有 $k(k\leqslant n)$ 个基本事件，记为 $A=\{\omega_{i_1}\}\bigcup\{\omega_{i_2}\}\bigcup\cdots\bigcup\{\omega_{i_k}\}$，则由概率性质 2 可得

$$P(A)=\sum_{j=1}^{k}P(\{\omega_{i_j}\})=\frac{k}{n}=\frac{\text{事件 } A \text{ 包含的基本事件数}}{\Omega \text{ 包含的基本事件总数}},$$

$$(1.3.1)$$

该式是计算古典概型下事件概率的基本公式.

例 1.3.1　从标号为 1，2，$\cdots$，10 的 10 个同样大小的球中任取一个，分别求事件 A，B，C 的概率，这里 $A=\{$取到 2 号$\}$，$B=\{$取到奇数号$\}$，$C=\{$取到的号数不小于 7$\}$.

解　显然，样本空间为 $\Omega=\{1，2，3，\cdots，10\}$，基本事件总数为 10，事件 A，B，C 包含的基本事件数分别为 1，5，4 个，它们的概率分别为

$$P(A)=\frac{1}{10}，\ P(B)=\frac{5}{10}=\frac{1}{2}，\ P(C)=\frac{4}{10}=\frac{2}{5}.$$

例 1.3.2　从 6 双不同的鞋子中任取 4 只，求：（1）其中恰有 2 只成双的概率；（2）至少有 2 只成双的概率.

解　（1）设 A 表示事件"恰有 2 只成双". 该事件可以按如下方式完成：先从 6 双鞋子中抽取 1 双，2 只全取，再从剩下的 5 双中任取 2 双，每双中各取 1 只. 因此事件 A 所含的样本点个数为 $C_6^1 C_2^2 C_5^2 C_2^1 C_2^1$. 所以

$$P(A)=\frac{C_6^1 C_2^2 C_5^2 C_2^1 C_2^1}{C_{12}^4}=\frac{16}{33}.$$

（2）该问题采用求对立事件概率的方法比较简单. 设 B 为事件"至少有 2 只成双"，则 $\bar{B}$ 为事件"任 2 只鞋子都不能配对"，于是有

$$P(B)=1-P(\overline{B})=1-\frac{C_6^4 C_2^1 C_2^1 C_2^1 C_2^1}{C_{12}^4}=\frac{17}{33}.$$

在例 1.3.2 中，不能把事件 B 所含的样本点数计为 $C_6^1 C_2^2 C_{10}^2$，即先从 6 双鞋子中抽取 1 双，2 只全取，再从剩下的鞋子中任取 2 只．这是因为，若设每双鞋子标有号码 1，2，…，6，则当先取到第 i 双鞋子的 2 只时，后取的 2 只可能恰好为第 j 双鞋子的 2 只，即恰好取到第 i 双和第 j 双，而同时当先取到第 j 双鞋子的 2 只时，后取的 2 只可能恰好为第 i 双鞋子的 2 只，也是取到第 i 双和第 j 双，这与前者重复．我们也可以利用求互斥事件的和事件概率的方法直接求事件 B 的概率，即

$$P(B)=P(A)+P(C)=\frac{C_6^2 C_2^1 C_5^2 C_2^1 C_2^1}{C_{12}^4}+\frac{C_6^2 C_2^2 C_2^2}{C_{12}^4}=\frac{17}{33},$$

其中 C 表示事件"恰好取到 2 双"．

例 1.3.3　设有 n 个球，每个球都等可能地落入 N 个盒子中的一个，假设 $n \leqslant N$. 求下列事件的概率：事件 A：某指定的 n 个盒子中各落入一球；事件 B：恰有 n 个盒子各落入一球；事件 C：某个指定的盒子中落入 m 个球；事件 D：恰好 $n-1$ 个盒子里有球．

解　由于每个球都等可能地落入 N 个盒子中的一个，所以 n 个球共有 N^n 种落法．把每种落法作为一个基本事件，这是一个古典概型问题，基本事件总数为 N^n.

事件 A 包含的基本事件数是 $n!$，故

$$P(A)=\frac{n!}{N^n}.$$

对事件 B，从 N 个盒子中任选 n 个，有 C_N^n 种选法；选定 n 个盒子后，每个盒子各落入一球的方法为 $n!$ 种，故

$$P(B)=\frac{C_N^n n!}{N^n}.$$

对事件 C，m 个球可以在 n 个球中任选，共有 C_n^m 种选法．其余 $n-m$ 个球可以任意落入另外的 $N-1$ 个盒子中，共有 $(N-1)^{n-m}$ 种落法．所以，事件 C 包含的基本事件个数是 $C_n^m (N-1)^{n-m}$. 故

$$P(C)=\frac{C_n^m (N-1)^{n-m}}{N^n}=C_n^m \left(\frac{1}{N}\right)^m \left(1-\frac{1}{N}\right)^{n-m}.$$

对事件 D，注意到"$n-1$ 个盒子里有球"意味着其中一个盒子中恰有 2 个球，其余的 $n-2$ 个盒子中各有一个球．可先任取落入 2 个球的一个盒子，有 N 种取法，再任取 $n-2$ 个盒子，有 C_{N-1}^{n-2} 种取法，然后将球落进去，落法

有 $C_n^2(n-2)!=\dfrac{n!}{2!}$ 种，故

$$P(D)=\frac{NC_{N-1}^{n-2}\dfrac{n!}{2!}}{N^n}=\frac{n!}{2N^{n-1}}C_{N-1}^{n-2}.$$

例 1.3.4　某公司生产的 15 件产品中，有 12 件正品，3 件次品．现将它们随机地分装在 3 个箱中，每箱 5 件．记 A 为事件"每箱中恰有 1 件次品"，B 为事件"3 件次品都在同一箱中"．试求概率 $P(A)$ 和 $P(B)$．

解　将 15 件产品装入 3 个箱中，每箱 5 件，共有 $\dfrac{15!}{5!\ 5!\ 5!}$ 种装法，把每种装法作为一个基本事件，这是一个古典概型问题，基本事件总数为 $\dfrac{15!}{5!\ 5!\ 5!}$．

把 3 件次品分别装入 3 个箱中，共有 3! 种装法．对于每一种这样的装法，把其余 12 件正品平均装入 3 个箱中，共有 $\dfrac{12!}{4!\ 4!\ 4!}$ 种装法．因此事件 A 的概率为

$$P(A)=3!\ \frac{12!}{4!\ 4!\ 4!}\bigg/\frac{15!}{5!\ 5!\ 5!}=\frac{25}{91}.$$

把 3 件次品装入 1 个箱中，共有 3 种装法．对于每一种这样的装法，把其余 12 件正品装入 3 个箱中，其中 1 箱装 2 件，其余 2 箱各装 5 件，共有 $\dfrac{12!}{2!\ 5!\ 5!}$ 种装法．因此事件 B 的概率为

$$P(B)=3\ \frac{12!}{2!\ 5!\ 5!}\bigg/\frac{15!}{5!\ 5!\ 5!}=\frac{6}{91}.$$

1.3.3　几何概型

古典概型考虑的是有限等可能结果的随机试验的概率模型．现在我们考虑样本空间为一线段、平面区域或空间立体的等可能随机试验的概率模型，称为几何概型．

如果一个试验具有以下两个特点：

（1）样本空间 Ω 是一个可以度量的几何区域（如线段、平面、立体），其度量（长度、面积、体积）记为 $\mu(\Omega)$；

（2）向区域 Ω 上随机投掷一点，这里"随机投掷一点"的含义是指该点落入 Ω 内任一部分区域 A 的可能性只与区域 A 的度量 $\mu(A)$ 成比例，而与区域 A 的位置和形状无关．

那么，事件 A 的概率由式(1.3.2)计算：

$$P(A) = \frac{\mu(A)}{\mu(\Omega)}. \tag{1.3.2}$$

例 1.3.5 在一个均匀陀螺的圆周上均匀地刻上 $(0，4]$ 上的所有实数，旋转该陀螺，求陀螺停下后，圆周与桌面的接触点位于区间 $[0.5，1]$ 的概率.

解 由于陀螺及刻度的均匀性，它停下来时其圆周上的各点与桌面接触的可能性相等. 根据题意，这是一个几何概型问题，故

$$P(A) = \frac{\text{区间}[0.5，1]\text{的长度}}{\text{区间}(0，4]\text{的长度}} = \frac{1/2}{4} = \frac{1}{8}.$$

例 1.3.6(会面问题) 甲、乙两人相约在 7 点到 8 点之间在某地会面，先到者等候另一人 20 min，过时就离开. 如果每个人在指定的一小时内任意时刻到达，试计算二人能够会面的概率.

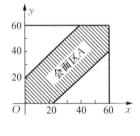

图 1.3.1

解 记 7 点为计算时刻的 0 时，以 min 为单位，$x，y$ 分别为甲、乙到达指定地点的时刻，则样本空间 $\Omega = \{(x，y) \mid 0 \leqslant x \leqslant 60，0 \leqslant y \leqslant 60\}$. 设 A 为事件"两人能会面"，则显然有 $A = \{(x，y) \mid (x，y) \in \Omega，|x-y| \leqslant 20\}$，即图 1.3.1 中阴影部分区域. 根据题意，这是一个几何概型问题，二人能会面的概率为

$$P(A) = \frac{\mu(A)}{\mu(\Omega)} = \frac{60^2 - 40^2}{60^2} = \frac{5}{9}.$$

1.4 条件概率

1.4.1 条件概率定义

在实际问题中，除了要考虑某事件 A 发生的概率 $P(A)$ 外，有时还要考虑事件 B 发生条件下事件 A 发生的概率. 一般情况下，后者的概率与前者不同. 为了区别起见，我们把后者的概率称为条件概率，记为 $P(A \mid B)$，读作事件 B 发生条件下事件 A 发生的条件概率. 条件概率是概率论中的一个重要概念，由它可产生三个非常有用的公式，即乘法公式、全概率公式和贝叶斯公式.

为了引进条件概率概念，我们先看一个例子.

例 1.4.1 考虑有两个孩子的家庭. 样本空间 $\Omega = \{(\text{男、男})，(\text{男、女})，(\text{女、男})，(\text{女、女})\}$. 设 A 为事件"家庭有女孩"，B 为事件"家庭有男孩". 求已知家庭有男孩条件下家庭有女孩的条件概率.

解 显然，问题是求事件 B 发生的条件下事件 A 发生的条件概率. 此时，$A=\{(男、女)，(女、男)，(女、女)\}$，$B=\{(男、男)，(男、女)，(女、男)\}$. 已知事件 B 已经发生了，有了这个信息，就知道有两个女孩的家庭在此种情况下不可能出现. 因此，在 B 发生条件下样本空间可视为 $B=\{(男、男)，(男、女)，(女、男)\}$，于是由古典概率方法可得 A 的条件概率

$$P(A\mid B)=\frac{2}{3}.$$

另外，易见

$$P(A)=\frac{3}{4}，\ P(B)=\frac{3}{4}，\ P(AB)=\frac{2}{4}，\ P(A\mid B)=\frac{2}{3}=\frac{2/4}{3/4}，$$

所以，有

$$P(A\mid B)=\frac{P(AB)}{P(B)}.$$

上式启发我们，可以用 $P(AB)$ 与 $P(B)$ 的比值作为条件概率 $P(A\mid B)$ 的定义.

定义 1.4.1 设 A，B 是两个事件，且 $P(B)>0$，则已知事件 B 发生条件下事件 A 发生的条件概率为

$$P(A\mid B)=\frac{P(AB)}{P(B)}. \tag{1.4.1}$$

关于条件概率，应注意如下两点：

(1) 条件概率 $P(A\mid B)$ 也是一个概率，因为它满足概率定义中的三条公理：

（ⅰ）$P(A\mid B)\geqslant 0$；

（ⅱ）$P(\Omega\mid B)=1$；

（ⅲ）若 A_1，A_2，… 是可数个两两互斥事件，则

$$P(\bigcup_{i=1}^{\infty} A_i\mid B)=\sum_{i=1}^{\infty} P(A_i\mid B).$$

因而条件概率应具有概率的所有性质，例如 $P(\overline{A}\mid B)=1-P(A\mid B)$.

(2) 计算条件概率可选择如下两种方法之一：

（ⅰ）在原样本空间 Ω 中，先计算 $P(AB)$，$P(B)$，再按公式 $P(A\mid B)=\frac{P(AB)}{P(B)}$ 计算条件概率；

（ⅱ）由于事件 B 已经出现，可以将其视为新的样本空间，并在该样本空间下计算事件 A 发生的概率 $P(A\mid B)$.

例 1.4.2　某疾病 D 的医学检验结果可能为阳性(用 A 表示)或阴性(用 $\overline{A}$ 表示),有关概率由表 1.4.1 给出:

表 1.4.1　疾病 D 医学检验情况

	D	$\overline{D}$
A	0.009	0.099
$\overline{A}$	0.001	0.891

由条件概率的定义可得

$$P(A \mid D) = \frac{P(AD)}{P(D)} = \frac{0.009}{0.009 + 0.001} = 0.9,$$

$$P(\overline{A} \mid \overline{D}) = \frac{P(\overline{AD})}{P(\overline{D})} = \frac{0.891}{0.099 + 0.891} = 0.9.$$

显然,该检验是相当精确的,对患者的检验结果有 90% 呈阳性,而对健康者的检验结果有 90% 呈阴性.假定某人的检查结果是呈阳性的,那么这个人患疾病 D 的概率会有多大呢?凭直觉很容易认为这个概率会很大,但正确的结果是

$$P(D \mid A) = \frac{P(AD)}{P(A)} = \frac{0.009}{0.009 + 0.099} = \frac{1}{12} \approx 0.083.$$

本例结果表明,虽然 $P(A|D) = 0.9$, $P(\overline{A}|\overline{D}) = 0.9$, 这两个概率都很高.但若将检验结果呈阳性用于判断某人患有疾病 D, 其正确性只有约 8%.

例 1.4.3　设某种动物从出生起活到 20 岁以上的概率为 0.8, 活到 25 岁以上的概率为 0.5. 求:(1) 如果现在有一个 20 岁的这种动物,它能活到 25 岁以上的概率;(2) 如果现在有一个 20 岁的这种动物,它活不到 25 岁的概率.

解　(1)设 A 为"能活到 20 岁以上", B 为"能活到 25 岁以上". 依题意, $P(A) = 0.8$, $P(B) = 0.5$. 由于 $B \subseteq A$, 因此 $P(AB) = P(B) = 0.5$. 由条件概率定义得

$$P(B|A) = \frac{P(AB)}{P(A)} = \frac{0.5}{0.8} = 0.625.$$

(2) 一个 20 岁的这种动物,它活不到 25 岁的概率为

$$P(\overline{B}|A) = 1 - P(B|A) = 1 - 0.625 = 0.375.$$

1.4.2　乘法公式

由条件概率定义容易推得概率的乘法公式:

$$P(AB) = P(A)P(B|A) = P(B)P(A|B). \qquad (1.4.2)$$

该乘法公式可以推广到多个事件的情形：若 $n \geq 2$，且 $P(A_1 A_2 \cdots A_{n-1}) > 0$，则

$$P(A_1 A_2 \cdots A_n) = P(A_1) \cdot \frac{P(A_1 A_2)}{P(A_1)} \cdot \frac{P(A_1 A_2 A_3)}{P(A_1 A_2)} \cdot \cdots \cdot \frac{P(A_1 A_2 \cdots A_n)}{P(A_1 A_2 \cdots A_{n-1})}$$
$$= P(A_1) P(A_2 \mid A_1) P(A_3 \mid A_1 A_2) \cdots P(A_n \mid A_1 \cdots A_{n-1}).$$

利用概率的乘法公式容易计算若干个事件的积事件概率.

例 1.4.4 在一批由 90 件正品，3 件次品组成的产品中，不放回地连续抽取两件产品，求第一件为正品，第二件为次品的概率.

解 设 A 为"第一件为正品"，B 为"第二件为次品"，求概率 $P(AB)$. 依题意有 $P(A) = \dfrac{90}{93}$，$P(B \mid A) = \dfrac{3}{92}$. 由乘法公式得

$$P(AB) = P(A) P(B \mid A) = \frac{90}{93} \times \frac{3}{92} = \frac{45}{1426} \approx 0.0316.$$

例 1.4.5 设袋中有 a 只红球，b 只白球，随机抽出一只，观察其颜色后放回，并加进同样颜色的球 c 只，一共抽取了 $m+n$ 次球. 试求前 m 次取到红球，后 n 次取到白球的概率.

解 设 A_i 为第 i 次取到红球的事件，$i = 1, 2, \cdots, m+n$，则前 m 次取到红球，后 n 次取到白球的事件为 $A_1 A_2 \cdots A_m \overline{A}_{m+1} \overline{A}_{m+2} \cdots \overline{A}_{m+n}$. 依题意有

$$P(A_1) = \frac{a}{a+b},$$

$$P(A_2 \mid A_1) = \frac{a+c}{a+b+c},$$

$$P(A_3 \mid A_1 A_2) = \frac{a+2c}{a+b+2c},$$

$$\cdots\cdots\cdots$$

$$P(A_m \mid A_1 A_2 \cdots A_{m-1}) = \frac{a+(m-1)c}{a+b+(m-1)c},$$

$$P(\overline{A}_{m+1} \mid A_1 A_2 \cdots A_m) = \frac{b}{a+b+mc},$$

$$P(\overline{A}_{m+2} \mid A_1 A_2 \cdots A_m \overline{A}_{m+1}) = \frac{b+c}{a+b+(m+1)c},$$

$$P(\overline{A}_{m+n} \mid A_1 A_2 \cdots A_m \overline{A}_{m+1} \cdots \overline{A}_{m+n-1}) = \frac{b+(n-1)c}{a+b+(m+n-1)c},$$

因此 $\quad P(A_1 A_2 \cdots A_m \overline{A}_{m+1} \overline{A}_{m+2} \cdots \overline{A}_{m+n})$

$$= P(A_1) P(A_2 \mid A_1) P(A_3 \mid A_1 A_2) \cdots P(A_m \mid A_1 A_2 \cdots A_{m-1})$$

$$P(\overline{A}_{m+1} \mid A_1 \cdots A_m) P(\overline{A}_{m+2} \mid A_1 \cdots A_m \overline{A}_{m+1}) \cdots P(\overline{A}_{m+n} \mid A_1 \cdots A_m \overline{A}_{m+1} \cdots \overline{A}_{m+n-1})$$

$$= \frac{a}{a+b} \frac{a+c}{a+b+c} \frac{a+2c}{a+b+2c} \cdots \frac{a+(m-1)c}{a+b+(m-1)c}$$

$$\frac{b}{a+b+mc}\frac{b+c}{a+b+(m+1)c}\cdots\frac{b+(n-1)c}{a+b+(m+n-1)c}.$$

上述问题所求的概率只与红球、白球出现的次数有关，而与它们出现的次序无关．特别地，当 $c=0$ 时是有放回抽样的摸球问题，当 $c=-1$ 时是无放回抽样的摸球问题．历史上玻利亚(Ploya)曾经用上述模型讨论传染病传播的规律．

1.4.3　全概率公式

为了计算复杂事件的概率，人们经常把一个复杂事件分解为若干个互斥的简单事件的和，通过分别计算这些简单事件的概率，来求复杂事件的概率．在这种做法中全概率公式起着非常重要的作用．

定义 1.4.2　设 Ω 是随机试验 E 的样本空间，A_1，A_2，$\cdots$，A_n 是 E 的一组事件．若满足下列条件：

(1) 两两互斥，即 $A_iA_j=\varnothing$，$i\neq j$，i，$j=1$，2，$\cdots$，n；

(2) $A_1\bigcup A_2\bigcup\cdots\bigcup A_n=\Omega$，

则称 A_1，A_2，$\cdots$，A_n 为样本空间 Ω 的一个划分，也称 A_1，A_2，$\cdots$，A_n 构成一个完备事件组．

容易知道，A_1，A_2，$\cdots$，A_n 是样本空间 Ω 的一个划分，当且仅当事件 A_1，A_2，$\cdots$，A_n 在每次试验中必有一个发生，且恰有一个发生．

在许多场合，若事件 B 的概率不易直接求出，此时可利用样本空间的划分将事件 B 表示为

$$B=B\Omega=B\bigcap\left(\bigcup_{i=1}^{n}A_i\right)=\bigcup_{i=1}^{n}A_iB,$$

由于 A_1，A_2，$\cdots$，A_n 两两互斥，易知 A_1B，A_2B，$\cdots$，A_nB 也是两两互斥的．因此，若 $P(A_i)>0(i=1$，2，$\cdots$，$n)$，由概率的性质和乘法公式可得

$$P(B)=\sum_{i=1}^{n}P(A_iB)=\sum_{i=1}^{n}P(A_i)P(B|A_i). \qquad (1.4.3)$$

这个公式称为**全概率公式**．

例 1.4.6　若 10 张彩票中有 2 张有奖，10 个顾客各抽一张，求第二个顾客中奖的概率．

解　设 A，B 分别表示第一个、第二个顾客中奖，则

$$P(A)=\frac{2}{10},\ P(\overline{A})=\frac{8}{10},\ P(B|A)=\frac{1}{9},\ P(B|\overline{A})=\frac{2}{9}.$$

由全概率公式

$$P(B)=P(A)P(B|A)+P(\overline{A})P(B|\overline{A})=\frac{2}{10}\times\frac{1}{9}+\frac{8}{10}\times\frac{2}{9}=\frac{2}{10}=0.2.$$

从这个例子我们看到，第一个顾客和第二个顾客中奖的概率都是 0.2. 事实上，每个人中奖的概率都一样，这就是"抽签公平原理".

例 1.4.7　设某仓库有一批产品，已知其中有 50%，30%，20% 的产品依次是甲、乙、丙厂生产的，且甲、乙、丙厂生产的次品率分别为 $\dfrac{1}{10}$，$\dfrac{1}{15}$，$\dfrac{1}{20}$. 求：(1) 从这批产品中任取一件产品，取到次品的概率；(2) 若从这批产品中取出一件产品，发现是次品，它是由甲厂生产的概率.

解　(1) 以 A_1，A_2，A_3 分别表示事件"取到的产品是由甲、乙、丙厂生产的"，以 B 表示事件"取到的产品为次品"，则

$$P(A_1)=\frac{5}{10}, \quad P(A_2)=\frac{3}{10}, \quad P(A_3)=\frac{2}{10},$$

$$P(B|A_1)=\frac{1}{10}, \quad P(B|A_2)=\frac{1}{15}, \quad P(B|A_3)=\frac{1}{20}.$$

由全概率公式

$$P(B)=P(A_1)P(B|A_1)+P(A_2)P(B|A_2)+P(A_3)P(B|A_3)$$

$$=\frac{5}{10}\cdot\frac{1}{10}+\frac{3}{10}\cdot\frac{1}{15}+\frac{2}{10}\cdot\frac{1}{20}=0.08.$$

(2) $P(A_1|B)=\dfrac{P(A_1B)}{P(B)}=\dfrac{P(A_1)P(B|A_1)}{P(B)}=\dfrac{0.5\times0.1}{0.08}=0.625.$

1.4.4　贝叶斯公式

设 A_1，A_2，$\cdots$，A_n 为试验 E 的样本空间 Ω 的一个划分，且 $P(A_i)>0$ $(i=1,2,\cdots,n)$，B 为一个事件，且 $P(B)>0$，则有

$$P(A_i|B)=\frac{P(A_iB)}{P(B)}=\frac{P(A_i)P(B|A_i)}{\sum\limits_{j=1}^{n}P(A_j)P(B|A_j)}. \qquad (1.4.4)$$

这个公式称为**贝叶斯公式**，也称为后验概率公式.

在贝叶斯公式(1.4.4)中，概率 $P(A_i)$ 可视为某种试验之前就已经获得的信息，称其为 A_i 的先验概率. 如果试验产生了结果 B，则概率 $P(A_i|B)$ 是事件 B 发生条件下对原有概率 $P(A_i)$ 的修正，通常称 $P(A_i|B)$ 为 A_i 的后验概率.

例 1.4.8　对以往数据的分析结果表明，当机器状态良好时，产品的合格率为 98%，而当机器发生某种故障时，产品的合格率为 55%. 每天早上机器开动时，其状态良好的概率为 95%. 试求已知某日早上第一件产品是合格品时，机器状态为良好的概率.

解　设 A 为事件"产品合格"，B 为事件"机器状态良好". 已知 $P(A|B)=0.98$，$P(A|\overline{B})=0.55$，$P(B)=0.95$，$P(\overline{B})=1-P(B)=0.05$. 由贝叶斯公式，所求概率为

$$P(B|A)=\frac{P(AB)}{P(A)}=\frac{P(B)P(A\mid B)}{P(B)P(A\mid B)+P(\overline{B})P(A\mid \overline{B})}$$

$$=\frac{0.95\times0.98}{0.95\times0.98+0.05\times0.55}=0.97.$$

这里概率 $P(B)=0.95$ 是由以往的数据分析得到的，是先验概率. 而在得到信息(即生产出的第一件产品是合格品)之后再重新加以修正的概率为 $P(B|A)=0.97$，这个概率就是后验概率. 有了后验概率我们就能对机器的状态有进一步的了解.

贝叶斯公式在通信技术中有大量的应用. 在数字通信过程中，信号通常用高、低电频表示，通信中由于噪声干扰及能量衰减的影响，收到的信号可能不是原来的信号，因此，接收方要通过概率的计算来作出判断，保证通信的质量.

例1.4.9　假设发报台分别以概率 0.6 和 0.4 发出信号"."和"—"，由于通讯系统受到干扰，当发出信号"."时，收报台未必收到信号"."，而是分别以 0.8 和 0.2 的概率收到"."和"—"；同样，发出"—"时分别以 0.9 和 0.1 的概率收到"—"和".". 如果收报台收到"."，求它收到的是正确信号的概率.

解　设 A 为发报台发出信号"."，B 为收报台收到信号".". 则 $\overline{A}$ 为发报台发出信号"—"，$\overline{B}$ 为收报台收到信号"—". 于是，$P(A)=0.6$，$P(\overline{A})=0.4$，$P(B|A)=0.8$，$P(\overline{B}|A)=0.2$，$P(\overline{B}|\overline{A})=0.9$，$P(B|\overline{A})=0.1$.

由贝叶斯公式，所求概率为

$$P(A|B)=\frac{P(AB)}{P(B)}=\frac{P(A)P(B\mid A)}{P(A)P(B|A)+P(\overline{A})P(B\mid \overline{A})}$$

$$=\frac{0.6\times0.8}{0.6\times0.8+0.4\times0.1}=\frac{12}{13}\approx0.923.$$

1.5　事件的独立性

设 A，B 是两个事件，若 $P(B)>0$，则可以定义条件概率 $P(A|B)$. 一般而言 $P(A|B)\neq P(A)$，这表明事件 B 的发生对事件 A 发生的概率有影响. 只有当这种影响不存在时，才会有 $P(A|B)=P(A)$，此时称事件 A，B 相互独立.

定义 1.5.1 若两个事件 A，B 满足 $P(A)=P(A|B)$，则称 A 与 B 独立，或称 A，B 相互独立.

若 A，B 相互独立，则由乘法公式有

$$P(AB)=P(A|B)P(B)=P(A)P(B);$$

反之，若 $P(AB)=P(A)P(B)$ 成立，由条件概率有

$$P(A|B)=\frac{P(AB)}{P(B)}=\frac{P(A)P(B)}{P(B)}=P(A).$$

这表明 A 与 B 独立与等式 $P(AB)=P(A)P(B)$ 等价，从而得到两个事件独立的另一种表述方式.

定义 1.5.2 若两个事件 A，B 满足 $P(AB)=P(A)P(B)$，则称 A 与 B 独立，或称 A，B 相互独立.

定义 1.5.1 从互不影响的角度出发表述事件的独立性概念，易于直观理解，但不便于应用. 定义 1.5.2 以严密的数学形式刻画了独立性概念，不仅应用方便，且可将两个事件的独立性概念推广到多个事件的独立性.

定义 1.5.3 若事件 A，B，C 满足：

$$\begin{cases} P(AB)=P(A)P(B), \\ P(BC)=P(B)P(C), \\ P(AC)=P(A)P(C), \end{cases}$$

则称事件 A，B，C 两两独立.

定义 1.5.4 若事件 A，B，C 满足：

$$\begin{cases} P(AB)=P(A)P(B), \\ P(BC)=P(B)P(C), \\ P(AC)=P(A)P(C), \\ P(ABC)=P(A)P(B)P(C), \end{cases}$$

则称事件 A，B，C 相互独立.

一般地，有下列独立性定义.

定义 1.5.5 若事件 A_1，A_2，$\cdots$，A_n 满足：

$$\begin{cases} P(A_iA_j)=P(A_i)P(A_j), \quad \forall i\neq j, \\ P(A_iA_jA_k)=P(A_i)P(A_j)P(A_k), \quad \forall i\neq j\neq k, \\ \cdots\cdots\cdots\cdots\cdots\cdots\cdots\cdots\cdots\cdots\cdots\cdots \\ P(A_1A_2\cdots A_n)=P(A_1)P(A_2)\cdots P(A_n), \end{cases}$$

则称这 n 个事件 A_1，A_2，$\cdots$，A_n 相互独立.

关于上述独立性概念，应注意下面几点：

(1) 容易证明，必然事件 Ω 和不可能事件 $\varnothing$ 与任何事件都独立. 这一事

实并不意外，因为必然事件和不可能事件是确定性事件，它们不受任何事件的影响，也不影响任何事件的发生．

（2）事件的独立性与事件的互斥是两个不同的概念，它们之间没有必然联系．两个事件互斥表示它们不能同时发生，两个事件独立表示它们彼此互不影响．当 $P(A)>0$，$P(B)>0$ 时，若 A，B 相互独立，则 $P(AB)=P(A)P(B)>0$，若 A，B 互斥，则 $P(AB)=P(\varnothing)=0$，此时 A，B 相互独立和 A，B 互斥不会同时成立．

（3）多个事件相互独立一定是两两独立的，但两两独立未必相互独立．

（4）两个事件独立与两个事件对立也是不同的概念．两个事件对立是指它们互为逆事件，但它们不一定独立；反之，两个事件独立它们不一定对立．

关于事件的独立性，还有如下结论．

定理 1.5.1　若四对事件 A 与 B，$\bar{A}$ 与 B，A 与 $\bar{B}$，$\bar{A}$ 与 $\bar{B}$ 中有一对相互独立，则另外三对也相互独立．

证明　以下只证明若 A，B 相互独立，则 A 与 $\bar{B}$ 也独立．其他可类似证明．

因为 A，B 相互独立，所以 $P(AB)=P(A)P(B)$，于是

$$
\begin{aligned}
P(A\bar{B}) &= P(A-AB)=P(A)-P(AB) \\
&= P(A)-P(A)P(B)=P(A)[1-P(B)] \\
&= P(A)P(\bar{B}),
\end{aligned}
$$

所以 A 与 $\bar{B}$ 独立，结论成立．

由定义 1.5.5 和定理 1.5.1 可知，以下两个结论成立．

（1）若事件 A_1，A_2，$\cdots$，A_n 相互独立，则其中任意 $k(2\leqslant k\leqslant n)$ 个事件也相互独立．

（2）若事件 A_1，A_2，$\cdots$，A_n 相互独立，则将 A_1，A_2，$\cdots$，A_n 中任意多个事件换成它们各自的对立事件，所得的 n 个事件仍相互独立．

在实际问题中，我们一般不是用定义来判断事件之间是否相互独立，而是根据具体问题去判断它们的独立性．如果认为是独立的，就可以利用独立性结论来简化事件概率的计算．

例 1.5.1　两门高射炮各自独立地射击一架敌机，设甲炮击中敌机的概率为 0.9，乙炮击中敌机的概率为 0.8，求敌机被击中的概率．

解　设 A 为"甲炮击中敌机"，B 为"乙炮击中敌机"，则 $A\cup B$ 为"敌机被击中"．因为 A 与 B 独立，所以有

$$
\begin{aligned}
P(A\cup B) &= P(A)+P(B)-P(AB) \\
&= P(A)+P(B)-P(A)P(B) \\
&= 0.9+0.8-0.9\times 0.8=0.98.
\end{aligned}
$$

此题还有另一种解法. 由定理 1.5.1 知, $\overline{A}$ 与 $\overline{B}$ 相互独立, 故

$$P(A \bigcup B) = 1 - P(\overline{A \bigcup B}) = 1 - P(\overline{A}\,\overline{B})$$
$$= 1 - P(\overline{A})P(\overline{B}) = 1 - (1-0.9)(1-0.8) = 0.98.$$

一般来说, 相互独立事件的和事件的概率计算, 可转化为其对立事件的积事件的概率计算, 从而简化运算过程, 即当 A_1, A_2, $\cdots$, A_n 相互独立时

$$P(\bigcup_{i=1}^{n} A_i) = 1 - P(\overline{\bigcup_{i=1}^{n} A_i}) = 1 - P(\bigcap_{i=1}^{n} \overline{A_i})$$
$$= 1 - P(\overline{A_1})P(\overline{A_2}) \cdots P(\overline{A_n}).$$

例 1.5.2　设某地区的人群中, 每人血液中含有某种病毒的概率为 0.001, 将 2 000 人的血液进行混合, 求混合后的血液中含有该病毒的概率.

解　设 $A_i (1 \leqslant i \leqslant 2000)$ 为第 i 个人的血液中含有病毒的事件, 混合后的血液中含有病毒的事件为 $\bigcup\limits_{i=1}^{2000} A_i$, 其概率为

$$P(\bigcup_{i=1}^{2000} A_i) = 1 - P(\overline{\bigcup_{i=1}^{2000} A_i}) = 1 - P(\bigcap_{i=1}^{2000} \overline{A_i})$$
$$= 1 - P(\overline{A_1})P(\overline{A_2}) \cdots P(\overline{A_{2000}})$$
$$= 1 - (1-0.001)^{2000} = 1 - 0.999^{2000} \approx 0.8648.$$

从该例可以看出, 虽然每个人携带病毒的概率很小, 但混合后的血液中含有病毒的概率却很大. 在实际中, 这类效应值得引起注意. 比如, 在购买 35 选 7 的福利彩票时, 中特等奖的概率 $\dfrac{1}{C_{35}^{7}} = \dfrac{1}{6724520}$ 非常小, 但我们在报纸上却经常看到有人中了特等奖; 一辆汽车在一天中发生交通事故的概率是非常小的, 但在一座大城市里交通事故时有发生, 等等. 这些都启示我们不要忽视小概率事件.

习　题　1

1. 写出下列随机试验的样本空间 Ω:

(1) 记录一个班一次数学考试的平均分数(设以百分制记分);

(2) 生产某种产品直到有 10 件正品为止, 记录此过程中生产该种产品的总件数;

(3) 对某工厂出厂的产品进行检查, 合格的记为 "正品", 不合格的记为 "次品", 若连续查出了 2 件次品就停止检查, 或检查了 4 件产品就停止检查, 记录检查的结果;

(4) 在单位圆内任意取一点，记录它的坐标.

2. 设 A，B，C 为三个事件，用 A，B，C 及其运算关系表示下列事件：

(1) A 发生而 B 与 C 不发生；

(2) A，B，C 中恰好有一个发生；

(3) A，B，C 中至少有一个发生；

(4) A，B，C 中恰好有两个发生；

(5) A，B，C 中至少有两个发生；

(6) A，B，C 中有不多于一个发生.

3. 设样本空间 $\Omega = \{x \mid 0 \leqslant x \leqslant 2\}$，事件 $A = \{x \mid 0.5 \leqslant x \leqslant 1\}$，$B = \{x \mid 0.8 < x \leqslant 1.6\}$，具体写出下列事件：

(1) AB；(2) $A \setminus B$；(3) $\overline{A \setminus B}$；(4) $\overline{A \cup B}$.

4. 一个样本空间有三个样本点，其对应的概率分别为 $2p$，p^2，$4p-1$，求 p 的值.

5. 已知 $P(A) = 0.3$，$P(B) = 0.5$，$P(A \cup B) = 0.8$. 求：(1) $P(AB)$；(2) $P(A \setminus B)$；(3) $P(\overline{A}\,\overline{B})$.

6. 设 $P(AB) = P(\overline{A}\overline{B})$，且 $P(A) = p$，求 $P(B)$.

7. 对于事件 A，B，C，设 $P(A) = 0.4$，$P(B) = 0.5$，$P(C) = 0.6$，$P(AC) = 0.2$，$P(BC) = 0.4$ 且 $AB = \varnothing$，求 $P(A \cup B \cup C)$.

8. 将 3 个球随机地放入 4 个杯子中去，求杯子中球的最大个数分别为 1、2、3 的概率.

9. 在整数 0～9 中任取 4 个，它们能排成一个四位偶数的概率是多少？

10. 一部五卷的文集，按任意次序放到书架上去，试求下列事件的概率：(1)第一卷出现在旁边；(2)第一卷及第五卷出现在旁边；(3)第一卷或第五卷出现在旁边；(4)第一卷及第五卷都不出现在旁边；(5)第三卷正好在正中.

11. 把 2，3，4，5 四个数字各写在一张小纸片上，任取其中三个按自左向右的次序排成一个三位数，求所得数是偶数的概率.

12. 一幢 10 层楼中一架电梯在底层登上 7 位乘客，电梯在每一层都停，乘客从第二层起离开电梯，假设每位乘客在任一层离开电梯是等可能的，求没有两位及两位以上乘客在同一层离开的概率.

13. 某人午觉醒来发觉表停了，他打开收音机想收听电台报时，设电台每正点报时一次，求他(她)等待时间短于 10 min 的概率.

14. 甲乙两人相约 8～12 点在预定地点会面. 先到的人等候另一人 30 min 后离去，求甲乙两人能会面的概率.

15. 现有两种报警系统 A 和 B，每种系统单独使用时，系统 A 有效的概率为 0.92，系统 B 的有效概率为 0.93，而两种系统一起使用时，在 A 失灵的条件下 B 有效的概率为 0.85，求两种系统一起使用时：

(1) 这两个系统至少有一个有效的概率；

(2) 在 B 失灵条件下，A 有效的概率.

16. 已知事件 A 发生的概率 $P(A)=0.5$，B 发生的概率 $P(B)=0.6$，以及条件概率 $P(B|A)=0.8$，求 A，B 中至少有一个发生的概率.

17. 一批零件共 100 个，其中有次品 10 个. 每次从该批零件中任取 1 个，取出后不放回，连取 3 次. 求第 3 次才取得合格品的概率.

18. 有两个袋子，每个袋子都装有 a 只黑球，b 只白球，从第一个袋中任取一球放入第二个袋中，然后从第二个袋中取出一球，求取得的是黑球的概率.

19. 一个机床有 $\frac{1}{3}$ 的时间加工零件 A，其余时间加工零件 B. 加工零件 A 时，停机的概率是 0.3，加工零件 B 时，停机的概率是 0.4，求这个机床停机的概率.

20. 10 个考签中有 4 个难签，3 个人参加抽签考试，不重复地抽取，每人抽一次，甲先，乙次，丙最后. 证明 3 人抽到难签的概率相同.

21. 两部机器制造大量的同一种零件，根据长期资料统计，甲、乙机器制造出的零件废品率分别是 0.01 和 0.02. 现有同一机器制造的一批零件，估计这一批零件是乙机器制造的可能性比甲机器制造的可能性大一倍，现从这批零件中任意抽取一件，经检查是废品. 试由此结果计算这批零件是由甲机器制造的概率.

22. 有朋友来自远方，他乘火车、轮船、汽车、飞机来的概率分别是 0.3、0.2、0.1、0.4. 如果他乘火车、轮船、汽车来的话，迟到的概率分别是 $\frac{1}{4}$、$\frac{1}{3}$、$\frac{1}{12}$，而乘飞机则不会迟到. 结果他迟到了，试求他是乘火车来的概率.

23. 加工一个产品要经过三道工序，第一、二、三道工序不出现废品的概率分别是 0.9、0.95、0.8. 假定各工序是否出废品相互独立，求经过三道工序而不出现废品的概率.

24. 三个人独立地破译一个密码，他们能译出的概率分别是 0.2、1/3、0.25. 求密码被破译的概率.

25. 对同一目标，3 名射手独立射击的命中率分别是 0.4、0.5 和 0.7，求三人同时向目标各射一发子弹而没有一发中靶的概率.

26. 甲、乙、丙三人同时对飞机进行射击，三人击中的概率分别为 0.4、

0.5、0.7. 飞机被一人击中而击落的概率为 0.2，被两人击中而击落的概率为 0.6，若三人都击中，飞机必定被击落，求飞机被击落的概率.

27. 证明：若三个事件 $A，B，C$ 相互独立，则 $A \bigcup B$、AB 及 $A \setminus B$ 都与 C 独立.

28. 15 个乒乓球中有 9 个新球，6 个旧球，第一次比赛取出了 3 个，用完后放回去，第二次比赛又取出 3 个，求第二次取出的 3 个球全是新球的概率.

29. 要验收一批 100 件的物品，从中随机地取出 3 件来测试，设 3 件物品的测试是相互独立的，如果 3 件中有一件不合格，就拒绝接收该批物品. 设一件不合格的物品经测试被查出的概率为 0.95，而一件合格品经测试被误认为不合格的概率为 0.01，如果这 100 件物品中有 4 件是不合格的，求这批物品被接收的概率.

30. 设下图的两个系统 KL 和 KR 中各元件通达与否相互独立，且每个元件通达的概率均为 p，分别求系统 KL 和 KR 通达的概率.

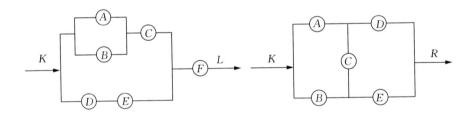

第2章 一维随机变量及其分布

2.1 随机变量的定义

在第1章中，我们把随机试验的所有可能结果组成的集合称为样本空间，并用样本空间的子集来表示随机事件．为了方便地研究随机试验的各种结果及其发生的概率，本章引入随机变量的概念，把随机试验的结果与实数对应起来，即把随机试验的结果数量化．

定义 2.1.1 设 E 是随机试验，Ω 是其样本空间．如果对每个样本点 $\omega\in\Omega$，总有一个实数 $X=X(\omega)$ 与之对应，则称 X 为该随机试验的随机变量．

从上述定义我们知道，随机变量 X 是定义在样本空间 Ω 上的实值函数，它的自变量是随机试验的结果．由于随机试验结果的出现具有随机性，所以随机变量的取值也具有随机性，这是随机变量与一般函数的不同之处．

引进随机变量，就相当于对样本空间数量化，此时每个随机事件(即样本空间的子集)都可以用随机变量来描述．

例 2.1.1 抛掷一枚均匀硬币，样本空间 $\Omega=\{$正面，反面$\}$，设

$$X=X(\omega)=\begin{cases}1, & \omega=\text{正面}, \\ 0, & \omega=\text{反面},\end{cases}$$

则 X 是定义在样本空间 Ω 上的随机变量，它将原样本空间数量化为 $\Omega=\{0,1\}$．

例 2.1.2 从某学校学生中任选一人 ω，记其身高为 $X=X(\omega)$，它随 ω 而变，故 X 是定义在集合 $\Omega=\{\omega:\omega$ 为该学校学生$\}$上的随机变量．

例 2.1.3 观察一部电梯一年内出现故障的次数．记 ω_i 为"电梯一年内发生 i 次故障"，$i=0,1,2,\cdots$，样本空间

$$\Omega=\{\omega_i, i=0,1,2,\cdots\}.$$

引入随机变量

$$X(\omega_i)=i, \quad i=0,1,2,\cdots,$$

它将原样本空间数量化为非负整数集合 $\Omega=\{0,1,2,\cdots\}$．

例 2.1.4 考虑测试灯泡寿命的试验，记 ω 为灯泡的使用寿命，样本空间为

$$\Omega=\{\omega|\omega\geqslant0\},$$

它是非负实数集合．对于每个 $\omega \in \Omega$，引入随机变量

$$X(\omega) = \omega, \qquad \omega \geqslant 0.$$

对于任意实数集合 L，事件 $\{\omega | X(\omega) \in L\}$ 可以简记为 $\{X \in L\}$，即样本点落在集合 L 的事件．例如，在例 2.1.1 中，用 $\{X=1\}$ 表示事件"出现正面"，用 $\{X=0\}$ 表示事件"出现反面"；在例 2.1.3 中，用 $\{X \leqslant 5\}$ 表示事件"电梯在一年内出现故障的次数不超过 5"；在例 2.1.4 中，若寿命以小时计，则 $\{X \geqslant 1000.5\}$ 表示事件"灯泡的使用寿命不小于 1 000.5 h"．这样，我们就可以把对随机事件的研究转化为对随机变量的研究．由于随机变量的值是实数，因此我们可以利用函数和微积分等数学方法一般地研究随机事件的概率．

随机变量主要分为两种类型：一类是离散型随机变量，另一类是连续型随机变量．例 2.1.1 和例 2.1.3 中的随机变量 X 是离散型的，而例 2.1.2 中的学生身高和例 2.1.4 中的灯泡使用寿命属于连续型随机变量．

2.2　随机变量的分布函数

对于随机变量 X，它的随机取值规律称为概率分布．通常用分布函数、分布律或分布密度函数来刻画随机变量的概率分布．

定义 2.2.1　设 X 为随机变量，x 是任意实数，称事件 $\{X \leqslant x\}$ 的概率

$$F(x) = P\{X \leqslant x\}, \qquad -\infty < x < +\infty \qquad (2.2.1)$$

为 X 的**分布函数**．

由分布函数的定义可知，$F(x)$ 是随机变量 X 落在区间 $(-\infty, x]$ 内的概率，由于该概率随实数 x 的变化而变化，因此它是 x 的函数．由概率的取值范围可知，分布函数 $F(x)$ 的值域是区间 $[0, 1]$．

此外，对于任意实数 $x_1, x_2 (x_1 < x_2)$，由于 $\{x_1 < X \leqslant x_2\} = \{X \leqslant x_2\} - \{X \leqslant x_1\}$，且 $\{X \leqslant x_1\} \subseteq \{X \leqslant x_2\}$，则由概率性质可知有

$$P\{x_1 < X \leqslant x_2\} = P\{X \leqslant x_2\} - P\{X \leqslant x_1\} = F(x_2) - F(x_1),$$
$$(2.2.2)$$

因此，若已知随机变量 X 的分布函数，就可以知道 X 落在任一区间 $(x_1, x_2]$ 的概率，从这个意义上说，分布函数刻画了随机变量 X 的统计规律．

例 2.2.1　某工厂生产的显像管的寿命 X（单位：万 h）是一随机变量，其分布函数为

$$F(x) = \begin{cases} 0, & x < 0, \\ 1 - \mathrm{e}^{-\frac{x}{2}}, & x \geqslant 0, \end{cases}$$

求显像管的寿命超过 2 万 h 的概率及寿命超过 2 万 h 但不超过 4 万 h 的概率．

解 显像管寿命超过 2 万 h 的概率为

$$P\{X>2\}=1-P\{X\leqslant2\}=1-F(2)$$
$$=1-(1-e^{-\frac{2}{2}})=e^{-1}=0.3679.$$

超过 2 万 h 但不超过 4 万 h 的概率是

$$P\{2<X\leqslant4\}=P\{X\leqslant4\}-P\{X\leqslant2\}=F(4)-F(2)$$
$$=(1-e^{-4/2})-(1-e^{-2/2})=e^{-1}-e^{-2}$$
$$=0.368-0.135=0.233.$$

分布函数 $F(x)$ 具有如下性质:

性质 1 单调不减性:若 $x_1<x_2$,则 $F(x_1)\leqslant F(x_2)$.

性质 2 右连续性:$\lim\limits_{x\to x_0^+}F(x)=F(x_0)$,或记为 $F(x_0+0)=F(x_0)$.

性质 3 $0\leqslant F(x)\leqslant1$,且 $F(-\infty)=\lim\limits_{x\to-\infty}F(x)=0$,$F(+\infty)=\lim\limits_{x\to+\infty}F(x)=1$.

可以证明,若某函数 $F(x)$ 满足上述性质,则它一定是某随机变量的分布函数.例如,函数

$$F(x)=\begin{cases}1-e^{-x}, & x\geqslant0,\\ 0, & x<0\end{cases}$$

是一个分布函数.

2.3 离散型随机变量

2.3.1 离散型随机变量的分布律

若随机变量的所有可能取值是有限的或可数无限的,则称其为**离散型随机变量**.对于离散型随机变量,样本点个数是有限或可数无限的,因此只要知道了每个样本点的概率,就可以求出任何随机事件的概率.

设离散型随机变量 X 的所有可能取值为 $x_k(k=1,2,\cdots)$,而 X 取值 x_k 的概率为 p_k,即

$$P\{X=x_k\}=p_k, \quad k=1,2,\cdots. \tag{2.3.1}$$

称(2.3.1)式为离散型随机变量 X 的**概率分布**或分布律,常用表格的形式表示为

x_k	x_1	x_2	$\cdots$	x_k	$\cdots$
$P\{X=x_k\}$	p_1	p_2	$\cdots$	p_k	$\cdots$

以横坐标表示随机变量的可能取值,纵坐标表示随机变量取这些值的概

率，并用折线把这些点连接起来，就得到概率分布图，如图2.3.1所示.

若 X 的分布律为（2.3.1），则 X 的分布函数为

$$F_X(x) = P\{X \leqslant x\} = \sum_{x_k \leqslant x} P\{X = x_k\}$$

$$= \sum_{x_k \leqslant x} p_k, \ -\infty < x < +\infty.$$

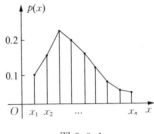

图 2.3.1

容易证明，（2.3.1）式中的分布律 p_k，$k=1$，2，…满足下列性质：

性质 1　$0 \leqslant p_k \leqslant 1$，$k=1$，$2$，….

性质 2　$\displaystyle\sum_{k=1}^{\infty} p_k = 1.$

例 2.3.1　设袋中有标号为 -1，1，1，2，2，2 的六个球，从中任取一个球，求所取球的标号数 X 的分布律和分布函数 $F(x)$，并画出 $F(x)$ 的图像.

解　X 是一维离散型随机变量，它的可能取值是 -1，1，2，X 的分布律为

X	-1	1	2
p_k	$p_1 = \dfrac{1}{6}$	$p_2 = \dfrac{2}{6}$	$p_3 = \dfrac{3}{6}$

因为 $F(x) = P\{X \leqslant x\}$，所以，

当 $x < -1$ 时，$F(x) = P\{X \leqslant x\} = P\{\varnothing\} = 0$；

当 $-1 \leqslant x < 1$ 时，$F(x) = P\{X = -1\} = \dfrac{1}{6}$；

当 $1 \leqslant x < 2$ 时，$F(x) = P\{X = -1\} + P\{X = 1\} = \dfrac{1}{6} + \dfrac{2}{6} = \dfrac{1}{2}$；

当 $x \geqslant 2$ 时，$F(x) = P\{X = -1\} + P\{X = 1\} + P\{X = 2\}$

$$= \dfrac{1}{6} + \dfrac{2}{6} + \dfrac{3}{6} = 1.$$

综上，得

$$F(x) = \begin{cases} 0, & x < -1, \\ \dfrac{1}{6}, & -1 \leqslant x < 1, \\ \dfrac{1}{2}, & 1 \leqslant x < 2, \\ 1, & x \geqslant 2. \end{cases}$$

$F(x)$的图像如图 2.3.2 所示.

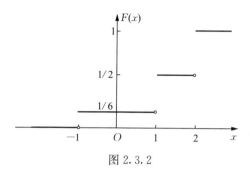

图 2.3.2

2.3.2　常见的离散型随机变量

1. 两点分布

如果随机变量 X 只取 0 和 1，其分布律为

$$P\{X=1\}=p,\ P\{X=0\}=q,\qquad (2.3.2)$$

其中 $0<p<1$，$q=1-p$，则称 X 服从参数为 p 的两点分布或伯努利分布，记为 $X\sim B(1,\ p)$.

例 2.3.2　设射击一次命中率为 0.4. 若用 $X=1$ 表示"中"，用 $X=0$ 表示"不中"，则

$$P\{X=1\}=0.4,\ P\{X=0\}=0.6,$$

即 X 服从参数为 0.4 的两点分布.

2. 二项分布

在 n 次随机试验中，若每次试验结果的出现不依赖于其他各次试验的结果，则称这 n 次试验相互独立.

设试验 E 只有两个结果 A 和 $\overline{A}$，则称其为伯努利(Bernoulli)试验. 记 $p=P(A)$，则 $P(\overline{A})=1-p$，即事件 A 发生的概率为 p，不发生的概率为 $q=1-p$. 将试验 E 独立地重复进行 n 次，称这 n 次独立重复试验为 n 重伯努利试验.

在 n 重伯努利试验中，事件 A 恰好发生 $k(0\leqslant k\leqslant n)$ 次的概率记为 $P\{X=k\}$. 因为各次试验是相互独立的，所以事件 A 在指定的 k 次试验中发生，在其余 $n-k$ 次试验中不发生的概率为 $p^{k}q^{n-k}$，由于这种指定的方式共有 C_{n}^{k} 种，故在 n 次伯努利试验中事件 A 恰好发生 k 次的概率为

$$p_{k}=P\{X=k\}=C_{n}^{k}p^{k}q^{n-k},\ k=0,\ 1,\ 2,\ \cdots,\ n,\quad (2.3.3)$$

其中 $q=1-p$. 显然 $p_{k}\geqslant0$，$k=0,\ 1,\ 2,\ \cdots,\ n$，且

$$\sum_{k=0}^{n} C_n^k p^k q^{n-k} = (p+q)^n = 1.$$

注意到 $C_n^k p^k q^{n-k}$ 恰好是二项式 $(p+q)^n$ 的展开式中的一般项，所以称满足 (2.3.3) 式的随机变量 X 服从参数为 n，p 的二项分布，记为 $X \sim B(n, p)$.

特别地，当 $n=1$ 时，二项分布就化为两点分布 $B(1, p)$，其分布律 (2.3.2) 可表示为

$$P\{X=k\} = p^k q^{1-k}, \quad k=0, 1. \tag{2.3.4}$$

例 2.3.3　某出租汽车公司共有出租车 400 辆，设每天每辆出租车出现故障的概率为 0.02，试求：

(1) 一天内有不超过 2 辆出租车出现故障的概率；

(2) 一天内没有出租车出现故障的概率.

解　将观察一辆出租车一天内是否出现故障看成一次试验. 因为每辆出租车是否出现故障与其他出租车是否出现故障无关，于是观察 400 辆出租车是否出现故障就是做 400 次伯努利试验. 设 X 是每天内出现故障的出租车数，则 $X \sim B(400, 0.02)$.

(1) 一天内有不超过 2 辆出租车出现故障的概率为

$$P\{X \leqslant 2\} = P\{X=0\} + P\{X=1\} + P\{X=2\}$$
$$= 0.98^{400} + 400 \times 0.02 \times 0.98^{399} + C_{400}^2 \times 0.02^2 \times 0.98^{398} \approx 0.0131.$$

(2) 一天内没有出租车出现故障的概率为

$$P\{X=0\} = 0.98^{400} \approx 0.000309.$$

例 2.3.4　波兰数学家巴拿赫随身带着两盒火柴，分别放在他的左、右两个衣袋里，每盒有 n 根火柴，他需要火柴时，便随机地从其中一盒中取出一根. 试求他发现其中一盒已空而另一盒中剩下的火柴根数 X 的分布律.

解　设 A 为事件"取左衣袋中的一盒"，显然有 $P(A) = P(\bar{A}) = \dfrac{1}{2}$. 把每取一次火柴看成一次伯努利试验. 当发现左边一盒空而右边一盒剩 k 根时，共做了 $n+(n-k) = 2n-k$ 次伯努利试验，其中 A 发生了 n 次（最后一次取火柴时，发现左边一盒是空的，意味着最后抽取的一定是左边一盒），$\bar{A}$ 发生了 $n-k$ 次，其概率为

$$C_{2n-k}^n [P(A)]^n [P(\bar{A})]^{n-k} \frac{1}{2} = C_{2n-k}^n \left(\frac{1}{2}\right)^n \left(\frac{1}{2}\right)^{n-k} \frac{1}{2}.$$

由对称性，发现右边一盒空而左边一盒剩 k 根的概率也是

$$C_{2n-k}^n \left(\frac{1}{2}\right)^n \left(\frac{1}{2}\right)^{n-k} \frac{1}{2},$$

故 X 的分布律为

$$P(X=k)=2C_{2n-k}^{n}\left(\frac{1}{2}\right)^{n}\left(\frac{1}{2}\right)^{n-k}\frac{1}{2}$$

$$=C_{2n-k}^{n}\left(\frac{1}{2}\right)^{2n-k},\ k=0,\ 1,\ \cdots,\ n.$$

3. 泊松分布

如果随机变量 X 的分布律为

$$P\{X=k\}=\frac{\lambda^{k}}{k!}\mathrm{e}^{-\lambda},\ k=0,\ 1,\ 2,\ \cdots,\qquad (2.3.5)$$

其中 $\lambda>0$ 为常数，则称 X 服从参数为 λ 的泊松分布，记为 $X\sim P(\lambda)$.

易见，$P\{X=k\}>0$，$k=0$，1，2，$\cdots$，且有

$$\sum_{k=0}^{\infty}P\{X=k\}=\sum_{k=0}^{\infty}\frac{\lambda^{k}}{k!}\mathrm{e}^{-\lambda}=\mathrm{e}^{-\lambda}\sum_{k=0}^{\infty}\frac{\lambda^{k}}{k!}=\mathrm{e}^{-\lambda}\mathrm{e}^{\lambda}=1.$$

在许多实际问题中，我们所关心的量近似服从泊松分布．例如，某医院每天前来就诊的病人数；某地区一段时间间隔内发生火灾的次数，或发生交通事故的次数；牧草种子中的杂草种子数；某地区一年内发生暴雨的次数等，都可以用泊松分布来描述．

例 2.3.5　某商店出售某种贵重商品，根据以往经验，每月销售量 X 服从参数为 $\lambda=3$ 的泊松分布．问在月初进货时，要库存多少件此种商品，才能以 99％的概率满足顾客的需要？

解　X 的分布律为

$$P\{X=i\}=\frac{3^{i}}{i!}\mathrm{e}^{-3},\qquad i=0,\ 1,\ 2,\ \cdots.$$

设月初库存 k 件，则由题意知

$$P\{X\leqslant k\}=\sum_{i=0}^{k}\frac{3^{i}}{i!}\mathrm{e}^{-3}\geqslant 0.99.$$

查本书后面的泊松分布表得 $k=8$，即月初进货时，库存 8 件这种商品，才能以 99％的概率满足顾客的需要．

在应用中，泊松分布的计算较二项分布容易．当 n 充分大，p 又很小时，二项分布 $B(n,\ p)$ 可以用泊松分布 $P(\lambda)$ 来近似，即有近似公式

$$C_{n}^{k}p^{k}(1-p)^{n-k}\approx\frac{\lambda^{k}}{k!}\mathrm{e}^{-\lambda},\ k=0,\ 1,\ 2,\ \cdots,\ n,\qquad (2.3.6)$$

其中 $\lambda=np$.

在实际计算中，当 $n\geqslant20$，$p\leqslant0.05$ 时，记 $\lambda=np$，用泊松分布 $P(\lambda)$ 作为二项分布 $B(n,\ p)$ 的近似效果很好；当 $n\geqslant100$，$np\leqslant10$ 时，效果更好．

例 2.3.6　设每次射击时击中目标的概率为 0.001，如果射击 5 000 次，

试求至少两次击中目标的概率.

解　设击中目标的次数为 X，则 $X \sim B(5000, 0.001)$，所求概率为

$$P\{X \geqslant 2\} = 1 - P\{X=0\} - P\{X=1\}$$
$$= 1 - (1-0.001)^{5000} - 5000 \times 0.001 \times (1-0.001)^{4999}$$
$$= 0.959640.$$

下面用近似公式 (2.3.6) 求上述概率的近似值，这时 $\lambda = 5000 \times 0.001 = 5$，

所以　　　　　　　　　$P\{X=0\} \approx e^{-5}, \; P\{X=1\} \approx 5e^{-5},$

从而　　　　　　　　　$P\{X \geqslant 2\} \approx 1 - 6e^{-5} = 0.959576.$

例 2.3.7（人寿保险问题）　有 2 000 个同一年龄的人购买了某保险公司的人寿保险. 每个投保人在 1 月 1 日付保费 800 元，如果投保人在当年死亡，则保险公司必须向投保人的家属支付 200 000 元的赔费. 设在投保的当年每个投保人死亡的概率是 0.002. 求到年底时保险公司亏本的概率 p_1 和保险公司获利不少于 400 000 元的概率 p_2.

解　设每年的死亡人数为 X，则 $X \sim B(2000, 0.002)$. 又保险公司一年的总收入为 $2000 \times 800 = 1600000$（元），总支出为 $200000X$（元）. 故

$$p_1 = P\{200000X > 1600000\} = P\{X > 8\} = 1 - P\{X \leqslant 8\}$$
$$= 1 - \sum_{k=0}^{8} C_{2000}^{k} \times 0.002^k \times 0.998^{2000-k} = 0.02124,$$

$$p_2 = P\{1600000 - 200000X \geqslant 400000\} = P\{X \leqslant 6\}$$
$$= \sum_{k=0}^{6} C_{2500}^{k} \times 0.002^k \times 0.998^{2500-k} = 0.88933.$$

下面用近似公式 (2.3.6) 计算，这时 $\lambda = np = 2000 \times 0.002 = 4$，

$$p_1 \approx 1 - \sum_{k=0}^{8} \frac{e^{-4}}{k!} 4^k = 0.02136,$$

$$p_2 \approx \sum_{k=0}^{6} \frac{e^{-4}}{k!} 4^k = 0.88933.$$

4. 几何分布

如果随机变量 X 只取正整数值 1，2，$\cdots$，且其分布律为

$$P\{X=k\} = q^{k-1}p, \; k=1, \; 2, \; \cdots, \qquad (2.3.7)$$

其中 $0 < p < 1$，$q = 1 - p$，则称 X 服从参数为 p 的**几何分布**，记为 $X \sim G(p)$.

例 2.3.8　设有独立重复试验序列，事件 A 在每次试验中发生的概率为 p. 设 X 为 A 首次发生时的试验次数，即 $\{X=k\}$ 为事件"A 在第 k 次试验中发生，而在前面的 $k-1$ 次试验中均不发生"，则

$$P(X=k) = q^{k-1}p, \; k=1, \; 2, \; \cdots,$$

即 $X \sim G(p)$.

2.4 连续型随机变量

2.4.1 密度函数

定义 2.4.1 设 $F(x)=P\{X\leqslant x\}$ 是随机变量 X 的分布函数，若存在非负函数 $f(x)$，使 $F(x)$ 表示为下列变上限积分

$$F(x)=\int_{-\infty}^{x}f(t)\mathrm{d}t, \tag{2.4.1}$$

则称 X 为连续型随机变量，并称 $f(x)$ 为 X 的**概率密度函数**，简称为密度函数.

若 $f(x)$ 是随机变量 X 的密度函数，则对任意固定的 x 及任意的 $\Delta x>0$，有

$$\frac{P\{x<X\leqslant x+\Delta x\}}{\Delta x}=\frac{F(x+\Delta x)-F(x)}{\Delta x}=\frac{1}{\Delta x}\int_{x}^{x+\Delta x}f(t)\mathrm{d}t.$$
$$\tag{2.4.2}$$

上式左端为随机变量 X 落在区间 $(x, x+\Delta x]$ 上的平均概率，如果 $f(x)$ 在 x 处连续，则

$$\lim_{\Delta x\to 0}\frac{P\{x<X\leqslant x+\Delta x\}}{\Delta x}=F'(x)=f(x).$$

从这里我们看到，密度函数的定义与物理学中线密度的定义极其类似. 这就是我们将 $f(x)$ 称为密度函数的原因. 若不计高阶无穷小，则由上式可得

$$P\{x<X\leqslant x+\Delta x\}\approx f(x)\Delta x,$$

它表明随机变量 X 落在区间 $(x, x+\Delta x]$ 上的概率近似等于 $f(x)\Delta x$.

密度函数 $f(x)$ 有下列性质：

性质 1 $f(x)\geqslant 0$；

性质 2 $\int_{-\infty}^{+\infty}f(x)\mathrm{d}x=1$；

性质 3 $P\{a<X\leqslant b\}=\int_{a}^{b}f(t)\mathrm{d}t$；

性质 4 当 x 是 $f(x)$ 的连续点时，有 $F'(x)=f(x)$.

任意函数 $f(x)$，若它满足上述性质 1 和性质 2，则它一定是某连续型随机变量的密度函数.

可以证明，若 X 是连续型随机变量，则对于任意实数 a，总有

$$P\{X=a\}=0, \tag{2.4.3}$$

这个结果说明，连续型随机变量取任意一点的概率为零. 同时也说明，由 $P(A)=0$，并不能推出 A 是不可能事件. 因为虽然 $P\{X=a\}=0$，但事件

$\{X=a\}$并非是不可能事件.

由(2.4.3)式可知，连续型随机变量 X 落在区间(a, b)，$[a, b)$，$(a, b]$，$[a, b]$上的概率都相等，即有

$$P\{a<X<b\}=P\{a\leqslant X<b\}$$
$$=P\{a<X\leqslant b\}$$
$$=P\{a\leqslant X\leqslant b\}$$
$$=\int_a^b f(x)\mathrm{d}x,$$

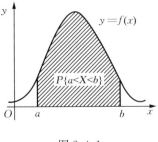

图 2.4.1

它们等于由曲线 $y=f(x)$ 和直线 $x=a$，$x=b$ 及 $y=0$ 所围成的曲边梯形的面积，如图 2.4.1 所示.

例 2.4.1　设 $f(x)=\begin{cases}\dfrac{x}{a}\mathrm{e}^{-\frac{x^2}{2a}}, & x\geqslant 0,\\ 0, & x<0,\end{cases}$ 其中 $a>0$ 为已知实数.

(1) 证明 $f(x)$ 是某随机变量 X 的密度函数；

(2) 求 X 的分布函数 $F(x)$；

(3) 求概率 $P\{0\leqslant X\leqslant 1\}$.

解　(1) 显然 $f(x)\geqslant 0$，它满足密度函数的性质 1. 又

$$\int_{-\infty}^{+\infty}f(x)\mathrm{d}x=\int_{-\infty}^0 0\mathrm{d}x+\int_0^{+\infty}\frac{x}{a}\mathrm{e}^{-\frac{x^2}{2a}}\mathrm{d}x=\int_0^{+\infty}\mathrm{e}^{-\frac{x^2}{2a}}\mathrm{d}\left(\frac{x^2}{2a}\right)=-\mathrm{e}^{-\frac{x^2}{2a}}\Big|_0^{+\infty}=1,$$

即 $f(x)$ 满足性质 2，因此 $f(x)$ 是某连续型随机变量 X 的密度函数.

(2) 当 $x<0$ 时，$f(x)=0$，$F(x)=\int_{-\infty}^x f(t)\mathrm{d}t=\int_{-\infty}^x 0\mathrm{d}t=0$；当 $x\geqslant 0$ 时，$f(x)=\dfrac{x}{a}\mathrm{e}^{-\frac{x^2}{2a}}$，

$$F(x)=\int_{-\infty}^x f(t)\mathrm{d}t=\int_{-\infty}^0 f(t)\mathrm{d}t+\int_0^x f(t)\mathrm{d}t$$
$$=\int_{-\infty}^0 0\mathrm{d}t+\int_0^x\frac{t}{a}\mathrm{e}^{-\frac{t^2}{2a}}\mathrm{d}t=-\mathrm{e}^{-\frac{t^2}{2a}}\Big|_0^x=1-\mathrm{e}^{-\frac{x^2}{2a}}.$$

综上，得

$$F(x)=\begin{cases}0, & x<0,\\ 1-\mathrm{e}^{-\frac{x^2}{2a}}, & x\geqslant 0.\end{cases}$$

(3) $P\{0\leqslant X\leqslant 1\}=F(1)-F(0)=1-\mathrm{e}^{-\frac{1}{2a}}$. 该结果也可以通过对密度函数的积分直接得到，即

$$P\{0\leqslant X\leqslant 1\}=\int_0^1 f(x)\mathrm{d}x=\int_0^1\frac{x}{a}\mathrm{e}^{-\frac{x^2}{2a}}\mathrm{d}t=-\mathrm{e}^{-\frac{x^2}{2a}}\Big|_0^1=1-\mathrm{e}^{-\frac{1}{2a}}.$$

2.4.2　常见的连续型随机变量

1. 均匀分布

如果随机变量 X 的密度函数为

$$f(x)=\begin{cases}\dfrac{1}{b-a}, & a\leqslant x\leqslant b,\\ 0, & \text{其他,}\end{cases} \qquad (2.4.4)$$

则称 X 服从 $[a, b]$ 区间上的均匀分布，记作 $X\sim U[a, b]$，其中，a，$b(a<b)$ 为常数．

均匀分布的分布函数为

$$F(x)=P\{X\leqslant x\}=\int_{-\infty}^{x} f(t)\mathrm{d}t=\begin{cases}0, & x<a,\\ \dfrac{x-a}{b-a}, & a\leqslant x<b,\\ 1, & x\geqslant b.\end{cases}$$

$$(2.4.5)$$

如果 $X\sim U[a, b]$，则对任意满足 $a\leqslant c<d\leqslant b$ 的 c，d，总有

$$P\{c\leqslant X\leqslant d\}=\int_{c}^{d} f(x)\mathrm{d}x=\frac{d-c}{b-a}.$$

这表明 X 落在 $[a, b]$ 的子区间 $[c, d]$ 上的概率，只与子区间的长度 $(d-c)$ 有关(成正比)，而与子区间 $[c, d]$ 在区间 $[a, b]$ 中的具体位置无关．

均匀分布是理论和应用中常用的一种分布．当我们对取值在某一区间 $[a, b]$ 上的随机变量 X 的分布情况不清楚时，一般可以假定它服从均匀分布 $U[a, b]$．

例 2.4.2　设随机变量 X 在区间 $[2, 5]$ 上服从均匀分布，现对 X 进行三次独立观测，试求至少有两次观测值大于 3 的概率．

解　X 的密度函数为

$$f(x)=\begin{cases}\dfrac{1}{3}, & 2\leqslant x\leqslant 5,\\ 0, & \text{其他.}\end{cases}$$

设 A 为事件"X 的观察值大于 3"，则

$$P(A)=P\{X>3\}=\int_{3}^{5}\frac{1}{3}\mathrm{d}x=\frac{2}{3}.$$

设 Y 为三次独立观测中观测值大于 3 的次数，即事件 A 发生的次数，则 Y 服从二项分布 $B(3, 2/3)$，于是

$$P\{Y\geqslant 2\}=C_3^2\left(\frac{2}{3}\right)^2\left(1-\frac{2}{3}\right)^{3-2}+C_3^3\left(\frac{2}{3}\right)^3\left(1-\frac{2}{3}\right)^{3-3}=\frac{20}{27}.$$

2. 指数分布

如果随机变量 X 的密度函数为

$$f(x) = \begin{cases} \lambda e^{-\lambda x}, & x > 0, \\ 0, & x \leqslant 0, \end{cases} \tag{2.4.6}$$

其中 $\lambda > 0$，则称 X 服从参数为 λ 的指数分布，记为 $X \sim E(\lambda)$.

下面求指数分布的分布函数 $F(x)$.

若 $x < 0$，则 $F(x) = \int_{-\infty}^{x} f(t)\mathrm{d}t = \int_{-\infty}^{x} 0\mathrm{d}t = 0$；若 $x \geqslant 0$，则

$$F(x) = \int_{-\infty}^{x} f(t)\mathrm{d}t = \int_{-\infty}^{0} f(t)\mathrm{d}t + \int_{0}^{x} f(t)\mathrm{d}t$$

$$= \int_{-\infty}^{0} 0\mathrm{d}t + \int_{0}^{x} \lambda e^{-\lambda t}\mathrm{d}t = 1 - e^{-\lambda x}.$$

综上，得

$$F(x) = \begin{cases} 1 - e^{-\lambda x}, & x \geqslant 0, \\ 0, & x < 0. \end{cases} \tag{2.4.7}$$

例 2.4.3　设某型号电子管的使用寿命 X 服从参数为 $\lambda = 0.001$ 的指数分布，试计算概率 $P\{1000 < X \leqslant 1200\}$.

解　X 的密度函数为

$$f(x) = \begin{cases} 0.001e^{-0.001x}, & x > 0, \\ 0, & x \leqslant 0, \end{cases}$$

所求概率为

$$P\{1000 < X \leqslant 1200\} = \int_{1000}^{1200} f(x)\mathrm{d}x = \int_{1000}^{1200} 0.001e^{-0.001x}\mathrm{d}x$$

$$= e^{-1} - e^{-1.2} = 0.0667.$$

在实际应用中，指数分布常用来描述各种"寿命"的近似分布. 例如，无线电元件的寿命、动物的寿命、电话系统中的通话时间、随机服务系统中的服务时间等都常用指数分布来近似.

指数分布具有"无记忆性". 设 $X \sim E(\lambda)$，则对任意的 $s > 0$，$t > 0$，有

$$P\{X > s+t \mid X > s\} = \frac{P\{X > s+t\}}{P\{X > s\}} = \frac{1 - P\{X \leqslant s+t\}}{1 - P\{X \leqslant s\}}$$

$$= \frac{1 - F(s+t)}{1 - F(s)} = \frac{e^{-\lambda(s+t)}}{e^{-\lambda s}} = e^{-\lambda t} = F(X > t).$$

若把 X 解释为寿命，则上式表明，如果已知寿命大于 s 年，则寿命大于 $s+t$ 年以上的概率只与时间 t 有关，而与目前年龄 s 无关，此即"无记忆性".

3. 正态分布

正态分布是最重要的一种分布，大量随机变量都服从或近似地服从正态分

布．例如，某零件长度或直径的测量误差，炮弹的弹着点距目标的距离，某族群人体的身高、体重，飞机材料的疲劳应力等，都服从或近似服从正态分布．可以说，正态分布是自然界和社会现象中最常见的一种分布．一般来说，如果一个随机变量是由大量微小的、独立的随机因素叠加而成的，则它近似地服从正态分布．因此，正态分布在理论和实际应用中有着极其重要的作用．

设随机变量 X 的密度函数为

$$f(x)=\frac{1}{\sqrt{2\pi}\sigma}\mathrm{e}^{-\frac{(x-\mu)^2}{2\sigma^2}},\quad -\infty<x<+\infty, \tag{2.4.8}$$

其中 σ 和 μ 都是参数，$\sigma>0$，$\mu\in(-\infty,+\infty)$，则称 X 服从正态分布，记为 $X\sim N(\mu,\sigma^2)$．

正态分布的密度函数 $f(x)$ 如图 2.4.2 所示．

从(2.4.8)式和图 2.4.2 可以知道，正态密度函数 $f(x)$ 的图形呈钟形，且有如下特征：

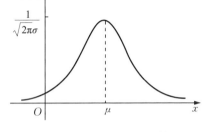

图 2.4.2　正态密度函数

(1) 关于直线 $x=\mu$ 对称；

(2) 在 $x=\mu$ 处取得最大值 $\frac{1}{\sqrt{2\pi}\sigma}$；

(3) 在 $x=\mu\pm\sigma$ 处有拐点；

(4) 当 $|x|\to\infty$ 时，曲线以 x 轴为渐近线．

(5) 如果固定 σ，改变 μ 的值，则图形沿着 x 轴平移，而图形的形状不变，如图 2.4.3 所示．如果固定 μ，改变 σ 值，则最大值 $f(\mu)=\frac{1}{\sqrt{2\pi}\sigma}$ 随 σ 的增大而减小，因此随着 σ 的增大，图形变得越来越扁，但图形的对称轴没有改变，如图 2.4.4 所示．

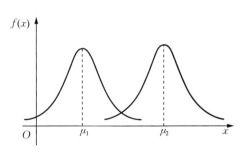

图 2.4.3

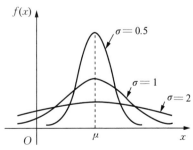

图 2.4.4

此外，由于正态密度函数 $f(x)$ 关于直线 $x=\mu$ 对称，则对任意 $h>0$，有 $P\{\mu-h<X\leqslant\mu\}=P\{\mu<X\leqslant\mu+h\}$，即两块曲边梯形面积相等，如图 2.4.5 所示．

正态分布的分布函数为

$$F(x)=\int_{-\infty}^{x}\frac{1}{\sqrt{2\pi}\sigma}e^{-\frac{(t-\mu)^2}{2\sigma^2}}dt, \qquad (2.4.9)$$

它的图形如图 2.4.6 所示．

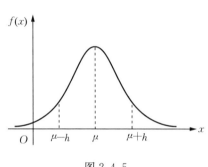

图 2.4.5

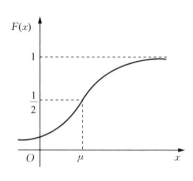

图 2.4.6　正态分布函数

特别地，当 $\mu=0$，$\sigma=1$ 时，称正态分布 $N(0,1)$ 为标准正态分布．对于标准正态分布 $N(0,1)$，其密度函数通常用 $\varphi(x)$ 来表示，即

$$\varphi(x)=\frac{1}{\sqrt{2\pi}}e^{-\frac{x^2}{2}}, \quad -\infty<x<+\infty, \qquad (2.4.10)$$

它的图形为图 2.4.7 中的曲线 $\varphi(x)$．可以证明 $\varphi(x)$ 满足密度函数的两条性质，即非负性 $\varphi(x)\geqslant0$ 和

$$\int_{-\infty}^{+\infty}\varphi(x)dx=\frac{1}{\sqrt{2\pi}}\int_{-\infty}^{+\infty}e^{\frac{x^2}{2}}dx=1.$$

标准正态分布 $N(0,1)$ 的分布函数为

$$\Phi(x)=\frac{1}{\sqrt{2\pi}}\int_{-\infty}^{x}e^{-\frac{t^2}{2}}dt, \quad -\infty<x<+\infty. \quad (2.4.11)$$

本书后面的附表 1 中列出了 $\Phi(x)$ 的部分值，可供查用．

由密度函数 $\varphi(x)$ 的对称性可知，分布函数 $\Phi(x)$ 满足如下重要性质

$$\Phi(-x)=1-\Phi(x). \qquad (2.4.12)$$

图 2.4.7 直观地显示了 $\Phi(x)$ 的这个性质，其中左边阴影部分面积为 $\Phi(-x)$，右边阴影部分是 $1-\Phi(x)$，上曲边为密度函数 $\varphi(x)$，且由 (2.4.12) 式和图 2.4.7 不难知道 $\Phi(0)=0.5$，因为它正好等于整个曲边梯形面积的一半．

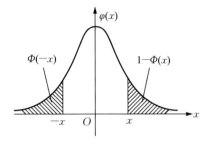

图 2.4.7 标准正态分布的密度函数

例 2.4.4 设 $X \sim N(0,1)$，求 $P\{-1 < X < 2\}$.

解 $P\{-1 < X < 2\} = P\{X < 2\} - P\{X \leqslant -1\} = \Phi(2) - \Phi(-1)$

$\qquad\qquad = \Phi(2) - [1 - \Phi(1)] = \Phi(2) + \Phi(1) - 1$

$\qquad\qquad = 0.9772 + 0.8413 - 1 = 0.8185.$

在一般正态分布下，随机变量落在一个区间内的概率的计算一般通过标准正态分布函数值来计算. 下面定理给出了一般正态分布函数与标准正态分布函数之间的关系.

定理 2.4.1 设 $X \sim N(\mu, \sigma^2)$，X 的分布函数为 $F(x)$，标准正态分布 $N(0,1)$ 的分布函数为 $\Phi(x)$，则

$$F(x) = \Phi\left(\frac{x - \mu}{\sigma}\right). \qquad (2.4.13)$$

证 $F(x) = P\{X \leqslant x\} = \dfrac{1}{\sqrt{2\pi}\,\sigma} \displaystyle\int_{-\infty}^{x} \mathrm{e}^{-\frac{(t-\mu)^2}{2\sigma^2}} \, \mathrm{d}t$

$\xlongequal{\;\diamondsuit\frac{t-\mu}{\sigma}=u\;} \dfrac{1}{\sqrt{2\pi}} \displaystyle\int_{-\infty}^{\frac{x-\mu}{\sigma}} \mathrm{e}^{-\frac{u^2}{2}} \, \mathrm{d}u = \Phi\left(\dfrac{x-\mu}{\sigma}\right).$

由定理 2.4.1，若 $X \sim N(\mu, \sigma^2)$，则事件 $\{a < X < b\}$ 的概率为

$$P\{a < X < b\} = F(b) - F(a) = \Phi\left(\frac{b-\mu}{\sigma}\right) - \Phi\left(\frac{a-\mu}{\sigma}\right).$$

$$(2.4.14)$$

例 2.4.5 设 $X \sim N(1.5, 4)$，试计算概率 $P\{|X| < 3\}$.

解 所求概率为

$P\{|X| < 3\} = P\{-3 < X < 3\} = F(3) - F(-3)$

$\qquad = \Phi\left(\dfrac{3 - 1.5}{2}\right) - \Phi\left(\dfrac{-3 - 1.5}{2}\right) = \Phi(0.75) - \Phi(-2.25)$

$\qquad = \Phi(0.75) - [1 - \Phi(2.25)] = \Phi(0.75) + \Phi(2.25) - 1$

$\qquad = 0.7734 + 0.9878 - 1 = 0.7612.$

例 2.4.6 已知某台机器生产的螺栓长度 X（单位：cm）服从参数为 $\mu=$ 10.05，$\sigma=0.06$ 的正态分布．规定螺栓长度在 10.05 ± 0.12 内为合格品，试求螺栓为合格品的概率．

解 已知螺栓长度 $X\sim N(10.05，0.06^2)$，记 $a=10.05-0.12$，$b=10.05+$ 0.12，则 $\{a\leqslant X\leqslant b\}$ 表示螺栓为合格品，其概率为

$$P\{a\leqslant X\leqslant b\}=\Phi\left(\frac{0.12}{0.06}\right)-\Phi\left(\frac{-0.12}{0.06}\right)=\Phi(2)-\Phi(-2)$$
$$=\Phi(2)-[1-\Phi(2)]=2\Phi(2)-1$$
$$=2\times0.9772-1=0.9544.$$

若 $X\sim N(\mu，\sigma^2)$，则可从标准正态分布的分布函数表中查出

$$P\{|X-\mu|<\sigma\}=2\Phi(1)-1\approx68.27\%，$$
$$P\{|X-\mu|<2\sigma\}=2\Phi(2)-1\approx95.45\%，$$
$$P\{|X-\mu|<3\sigma\}=2\Phi(3)-1\approx99.73\%.$$

可见在一次试验中，服从正态分布的随机变量 X 基本上在区间 $(\mu-2\sigma，\mu+2\sigma)$ 内取值，而且几乎总是落在区间 $(\mu-3\sigma，\mu+3\sigma)$ 内．这个性质在标准制定和质量管理等方面有着广泛的应用，通常称为 "3σ 原则".

注意到 $\Phi(-\infty)=0$ 和 $\Phi(+\infty)=1$，可知当 $(2.4.14)$ 式中的 a 和 b 之一为无穷时，定理 $2.4.1$ 仍成立．这时 $(2.4.14)$ 式分别变成

$$P\{X\leqslant b\}=P\{-\infty<X\leqslant b\}=\Phi\left(\frac{b-\mu}{\sigma}\right)，$$
$$P\{X>a\}=P\{a<X<\infty\}=1-\Phi\left(\frac{a-\mu}{\sigma}\right).$$

例 2.4.7 假设某地区成年男性的身高（单位：cm）$X\sim N(170，7.69^2)$，求该地区成年男性的身高超过 175 cm 的概率.

解 由题意，$\{X>175\}$ 表示该地区成年男性的身高超过 175 cm 这一事件，其概率为

$$P\{X>175\}=1-P\{X\leqslant175\}=1-\Phi\left(\frac{175-170}{7.69}\right)$$
$$=1-\Phi(0.65)=1-0.7422$$
$$=0.2578.$$

2.5　一维随机变量函数的分布

在许多实际问题中，常常需要考虑随机变量的函数的分布．例如，我们能直接测量到圆轴正截面的直径 D，而所关心的却是该截面的面积 $A=\pi D^2/4$，

它是随机变量 D 的函数. 在本节中, 我们讨论如何由已知的随机变量 X 的分布, 求 X 的函数 $Y=g(X)$ 的分布.

2.5.1 离散型随机变量函数的分布

设离散型随机变量 X 的分布律为 $p_k=P\{X=x_k\}$, $k=1$, 2, $\cdots$, $g(x)$ 是一个单值函数. 令 $Y=g(X)$, 则 Y 也是一个离散型随机变量, 它的分布律容易由 X 的分布律得到.

例 2.5.1 设 X 有分布律

X	-1	0	1	2	3
p_k	0.2	0.2	0.3	0.2	0.1

求 $Y=(X-1)^2$ 的分布律.

解 Y 的所有可能取值为 0, 1, 4, 且
$$P\{Y=0\}=P\{X=1\}=0.3,$$
$$P\{Y=1\}=P\{X=0\}+P\{X=2\}=0.2+0.2=0.4,$$
$$P\{Y=4\}=P\{X=-1\}+P\{x=3\}=0.2+0.1=0.3,$$
故 Y 的分布律为

Y	0	1	4
q_i	0.3	0.4	0.3

一般地, 若 X 是离散型随机变量, 其分布律为

X	x_1	x_2	$\cdots$	x_k	$\cdots$
p_k	p_1	p_2	$\cdots$	p_k	$\cdots$

则 $Y=g(X)$ 也是一个离散型随机变量. 设 $y_i=g(x_i)$, 则 Y 的概率分布为

Y	y_1	y_2	$\cdots$	y_j	$\cdots$
q_i	q_1	q_2	$\cdots$	q_j	$\cdots$

其中
$$q_j = \sum_{g(x_i)=y_j} p_i.$$

例 2.5.2 设某城市一个月内发生火灾的次数 $X\sim P(5)$, 试求随机变量

$Y=|X-5|$ 的分布律.

解 X 的所有可能取值的集合为 $\{0，1，2，\cdots\}$，其分布律为

$$P\{X=k\}=\frac{5^k}{k!}e^{-5}，k=0，1，2，\cdots.$$

由 $Y=|X-5|$ 可知，Y 的所有可能取值的集合为 $\{0，1，2，\cdots\}$. 且对每个 $i=1，2，\cdots$，当 $0<i\leqslant 5$ 时，有 $k=5+i$ 和 $k=5-i$ 两个值使得 $|k-5|=i$；当 $i=0$ 或 $i\geqslant 6$ 时，只有一个 $k=5+i$ 使得 $|k-5|=i$. 于是，随机变量 Y 取值为 i 的概率为

$$q_i=P\{Y=i\}=\begin{cases}\left[\dfrac{5^{5-i}}{(5-i)!}+\dfrac{5^{5+i}}{(5+i)!}\right]e^{-5}，& i=1，2，3，4，5，\\[3mm] \dfrac{5^{5+i}}{(5+i)!}e^{-5}，& i=0，6，7，\cdots，\end{cases}$$

此即 $Y=|X-5|$ 的分布律.

2.5.2 连续型随机变量函数的分布

对于连续型随机变量 X，求 $Y=g(X)$ 的密度函数 $f_Y(y)$ 的基本方法是，根据分布函数的定义先求 $Y=g(X)$ 的分布函数 $F_Y(y)=P\{Y\leqslant y\}$，即 $\qquad\qquad F_Y(y)=P\{Y\leqslant y\}=P\{g(X)\leqslant y\}.$

将上式化为 X 的分布函数 $F_X(x)$ 的复合函数表达式后，再关于 y 求导数，就得到 Y 的密度函数 $f_Y(y)=F'_Y(y)$. 下面我们通过具体例题来说明如何求 Y 的密度函数.

例 2.5.3 设 $X\sim N(\mu，\sigma^2)$，求 $Y=\dfrac{X-\mu}{\sigma}$ 的密度函数.

解 设 $F_Y(y)$ 和 $f_Y(y)$ 分别为 Y 的分布函数和密度函数，则

$$F_Y(y)=P\{Y\leqslant y\}=P\left\{\frac{X-\mu}{\sigma}\leqslant y\right\}=P\{X\leqslant\mu+\sigma y\}$$

$$=F_X(\mu+\sigma y)=\int_{-\infty}^{\mu+\sigma y}\frac{1}{\sqrt{2\pi}\sigma}e^{-\frac{(x-\mu)^2}{2\sigma^2}}dx.$$

再由 $f_Y(y)=F'_Y(y)$，得

$$f_Y(y)=f_X(\mu+\sigma y)\frac{d(\mu+\sigma y)}{dy}$$

$$=\frac{1}{\sqrt{2\pi}\sigma}e^{-\frac{[(\sigma y+\mu)-\mu]^2}{2\sigma^2}}\cdot\sigma=\frac{1}{\sqrt{2\pi}}e^{-\frac{y^2}{2}}，$$

它是标准正态分布的密度函数，即 $Y\sim N(0，1)$.

例 2.5.3 说明，若 $X \sim N(\mu, \sigma^2)$，则 $Y = \dfrac{X-\mu}{\sigma} \sim N(0, 1)$. 人们通常把这种变换称为 X 的标准化.

例 2.5.4 设 X 有密度函数

$$f_X(x) = \begin{cases} |x|, & -1 < x < 1, \\ 0, & \text{其他}, \end{cases}$$

求 $Y = 2X + 1$ 的密度函数.

解 设 $F_X(x) = P\{X \leqslant x\}$ 为 X 的分布函数，$F_Y(y)$ 和 $f_Y(y)$ 分别为 Y 的分布函数和密度函数，则

$$F_Y(y) = P\{Y \leqslant y\} = P\{2X + 1 \leqslant y\} = P\left\{X \leqslant \frac{y-1}{2}\right\}$$

$$= F_X\left(\frac{y-1}{2}\right) = \int_{-\infty}^{\frac{y-1}{2}} f_X(x)\,\mathrm{d}x.$$

再由 $f_Y(y) = F'_Y(y)$，得

$$f_Y(y) = f_X\left(\frac{y-1}{2}\right)\left(\frac{y-1}{2}\right)' = \frac{1}{2} f_X\left(\frac{y-1}{2}\right)$$

$$= \frac{1}{2}\begin{cases} \left|\dfrac{y-1}{2}\right|, & -1 < \dfrac{y-1}{2} < 1, \\ 0, & \text{其他} \end{cases}$$

$$= \begin{cases} \dfrac{|y-1|}{4}, & -1 < y < 3, \\ 0, & \text{其他}. \end{cases}$$

注： 在求 $F_Y(y)$ 关于 y 的导数时，可采用复合函数求导数公式

$$\frac{\mathrm{d}F_X[h(y)]}{\mathrm{d}y} = F_X'[h(y)]\,h'(y) = f_X[h(y)]\,h'(y), \quad (2.5.1)$$

或变上、下限积分的导数公式

$$\frac{\mathrm{d}}{\mathrm{d}y}\left[\int_{a(y)}^{b(y)} f_X(t)\,\mathrm{d}t\right] = f_X[b(y)]\,b'(y) - f_X[a(y)]\,a'(y).$$

$$(2.5.2)$$

当函数 $g(x)$ 满足一定条件时，也可以利用下面的定理直接求 $f_Y(y)$.

定理 2.5.1 若随机变量 X 有密度函数 $f_X(x)$，$x \in (-\infty, +\infty)$，$y = g(x)$ 为严格单调函数，且 $g'(x)$ 对一切 x 都存在，记 (a, b) 为 $g(x)$ 的值域，则 $Y = g(X)$ 的密度函数为

$$f_Y(y) = \begin{cases} f_X[h(y)]\,|h'(y)|, & a < y < b, \\ 0, & \text{其他}, \end{cases}$$

这里 $x=h(y)$ 是函数 $y=g(x)$ 的反函数.

注：如果 X 的密度函数在一个有限区间 $[\alpha,\beta]$ 之外取值为零，则定理 2.5.1 中函数 $g(x)$ 只需满足在 (α,β) 内可导，且在该区间严格单调即可. 当 $g(x)$ 为单调增函数时，$a=g(\alpha)$，$b=g(\beta)$；当 $g(x)$ 为单调减函数时，$a=g(\beta)$，$b=g(\alpha)$.

例 2.5.5　设 $X\sim U[0,1]$，其密度函数为

$$f_X(x)=\begin{cases}1, & 0\leqslant x\leqslant 1,\\ 0, & \text{其他},\end{cases}$$

求 $Y=\mathrm{e}^X$ 的密度函数.

解　由于 $f_X(x)$ 在 $[0,1]$ 之外取值为零，且函数 $y=g(x)=\mathrm{e}^x$ 在 $(0,1)$ 内可导且严格增加，其反函数为 $x=h(y)=\ln y$. 这里，$\alpha=0$，$\beta=1$，$a=g(\alpha)=\mathrm{e}^0=1$，$b=g(\beta)=\mathrm{e}^1=\mathrm{e}$ 且 $|h'(y)|=1/y$. 由定理 2.5.1 得 $Y=\mathrm{e}^X$ 的密度函数

$$f_Y(y)=\begin{cases}\dfrac{1}{y}, & 1\leqslant y\leqslant\mathrm{e},\\ 0, & \text{其他}.\end{cases}$$

当 $g(x)$ 不是严格单调函数时，不能使用定理 2.5.1，但此时例 2.5.3 和例 2.5.4 中的方法仍然适用.

需要指出，连续型随机变量的函数 $Y=g(X)$ 不一定是连续型的. 如果它是离散型的，可计算其分布律.

例 2.5.6　设加工零件的尺寸误差 $X\sim N(0,\sigma^2)$. 有时正误差和负误差所产生的结果不同. 若用 Y 表示由误差所引起的损失，并设

$$Y=\begin{cases}a, & \text{若 } X\geqslant 0,\\ b, & \text{若 } X<0,\end{cases}$$

其中 $a\neq b$，则 Y 是 X 的函数，它服从两点分布，其分布律为

$$P\{Y=a\}=P\{X\geqslant 0\}=0.5,$$
$$P\{Y=b\}=P\{X<0\}=0.5.$$

习　题　2

1. 将一颗骰子抛掷两次，以 X 表示两次出现点数的最小值，试求 X 的分布律.

2. 设离散型随机变量 X 的分布律为

$$P\{X=k\}=\frac{1}{2^k},\ k=1,2,\cdots,$$

求概率(1)$P\{X=2,4,6,\cdots\}$；(2)$P\{X\geqslant3\}$.

3. 设在 15 只同类型的零件中有 2 只是次品，在其中取 3 次，每次任取 1 只，作不放回抽样，以 X 表示取出次品的只数，求 X 的分布律和分布函数.

4. 设离散型随机变量 X 的分布律为

$$P\{X=k\}=ae^{-k},\ k=1,2,\cdots,$$

试确定常数 a.

5. 一大楼内装有 5 个同类型的供水设备，调查表明在任一时刻 t 每个设备被使用的概率为 0.1，试求：

(1) 恰有 2 个设备同时被使用的概率；

(2) 至少有 3 个设备同时被使用的概率；

(3) 至多有 3 个设备同时被使用的概率；

(4) 至少有 1 个设备同时被使用的概率.

6. 甲、乙两人投篮，投中的概率分别为 0.6 和 0.7. 今二人各投 3 次，求：

(1) 两人投中次数相等的概率；

(2) 甲比乙投中次数多的概率.

7. 有甲、乙两种味道和颜色都极为相似的名酒各 4 杯. 如果从中挑 4 杯，能将甲种酒全部挑出来，算是试验成功一次，求：

(1) 某人随机地去挑，试验成功一次的概率；

(2) 某人声称他通过品尝能区分两种酒. 他连续试验 10 次，成功 3 次. 试推断他是猜对的，还是他确有区分的能力(设各次试验是相互独立的).

8. 某一公安局在长度为 t 的时间间隔内收到的紧急呼救次数 X 服从参数为 $t/2$ 的泊松分布，而与时间间隔的起点无关(时间以小时计)，求：

(1) 某一天中午 12 时至下午 3 时没有收到紧急呼救的概率；

(2) 某一天中午 12 时至下午 5 时至少收到 1 次紧急呼救的概率.

9. 设有同类型设备 200 台，各台设备工作相互独立，发生故障的概率均为 0.005，通常一台设备的故障可由一个人来排除.

(1) 至少配备多少维修工人，才能保证设备发生故障而不能及时排除的概率不大于 0.01？

(2) 若一人包干 40 台设备，求这 40 台设备发生故障而不能及时排除的概率.

(3) 若由 2 人共同负责维修 100 台设备，求这 100 台设备发生故障而不能及时排除的概率.

10. 对球的直径作测量，设其均匀地分布在 20～22 cm 之间，求直径在

20.1～20.5 cm 之间的概率.

11. 设随机变量 X 的分布函数为

$$F(x)=\begin{cases} 0, & x<1, \\ \ln x, & 1\leqslant x<\mathrm{e}, \\ 1, & x\geqslant \mathrm{e}. \end{cases}$$

(1) 求概率 $P\{X<2\}$，$P\{0<X\leqslant 3\}$，$P\{2<X<\dfrac{5}{2}\}$；

(2) 求 X 的密度函数 $f(x)$.

12. 设连续型随机变量 X 的分布函数为

$$F(x)=\begin{cases} a+b\mathrm{e}^{-\frac{x^2}{2}}, & x\geqslant 0, \\ 0, & x<0. \end{cases}$$

(1) 求常数 a 和 b；

(2) 求 X 的密度函数 $f(x)$；

(3) 求概率 $P\{\sqrt{\ln 4}<X<\sqrt{\ln 16}\}$.

13. 设随机变量 X 的密度函数为

(1) $f(x)=\begin{cases} 2(1-\dfrac{1}{x^2}), & 1\leqslant x\leqslant 2, \\ 0, & 其他; \end{cases}$

(2) $f(x)=\begin{cases} x, & 0\leqslant x<1, \\ 2-x, & 1\leqslant x<2, \\ 0, & 其他, \end{cases}$

求 X 的分布函数 $F(x)$.

14. 某机构研究了英格兰在 1875—1951 年期间，在矿山发生导致 10 人以上死亡的事故的频繁程度，得知相继两次事故之间的时间 T 服从指数分布，其概率为

$$f_T(t)=\begin{cases} \dfrac{1}{241}\mathrm{e}^{-\frac{t}{241}}, & t>0, \\ 0, & 其他, \end{cases}$$

求 T 的分布函数 $F_T(t)$，并求概率 $P\{50<T<100\}$.

15. 某种型号器件的寿命 X（以 h 计）具有以下密度函数

$$f(x)=\begin{cases} \dfrac{1000}{x^2}, & x>1000, \\ 0, & 其他, \end{cases}$$

现有一大批此种器件(设各器件损坏与否相互独立),任取 5 只,求其中至少有 2 只寿命大于 1 500 h 的概率.

16. 设顾客在某银行的窗口等待服务的时间 X(以 min 计)服从指数分布,其密度函数为

$$f(x)=\begin{cases} \dfrac{1}{5}\mathrm{e}^{-\frac{x}{5}}, & x>0, \\ 0, & 其他, \end{cases}$$

某顾客在窗口等待服务,若超过 10 min,他就离开.他一个月要到银行 5 次,以 Y 表示一个月内他未等到服务而离开窗口的次数.试求 Y 的分布律及概率 $P\{Y\geqslant 1\}$.

17. 设 $X\sim N(3,2^2)$,(1)求概率 $P\{2<X\leqslant 5\}$,$P\{-4<X\leqslant 10\}$,$P\{|X|>2\}$,$P\{X>3\}$;(2)确定 c 使得 $P\{X>c\}=P\{X\leqslant c\}$;(3)设 d 满足 $P\{X>d\}\geqslant 0.9$,问 d 至多为多少?

18. 设 $X\sim N(160,\sigma^2)$,若要求 X 落在区间(120,200)内的概率不小于 0.80,则应允许 σ 最大为多少?

19. 某地区 18 岁女青年的血压(收缩压,以 mmHg 计)服从正态分布 $N(110,12^2)$,在该地区任选一个 18 岁女青年,测量她的血压 X,试确定最小 x,使得 $P\{X>x\}\leqslant 0.05$.

20. 某地抽样调查结果表明,考生的外语成绩(百分制)近似地服从正态分布,平均成绩为 72 分,96 分以上占考生总数的 2.3%,试求考生的外语成绩在 60~84 分之间的概率.

21. 公共汽车的车门高度是按成年男性与车门碰头的机会不超过 0.01 设计的,设成年男性的身高 X(单位:cm)服从正态分布 $N(170,6^2)$,问车门的最低高度应为多少?

22. 设随机变量 X 的分布律为

X	0	$\dfrac{\pi}{2}$	π	$\dfrac{3\pi}{2}$
p_k	0.3	0.2	0.4	0.1

求下列随机变量 Y 的分布律.

(1) $Y=(2X-\pi)^2$;(2) $Y=\cos(2X-\pi)$.

23. 设随机变量 X 的分布函数为

$$F(x)=\begin{cases} 0, & x<-1, \\ 0.3, & -1\leqslant x<1, \\ 0.8, & 1\leqslant x<2, \\ 1, & x\geqslant2, \end{cases}$$

(1) 求 X 的分布律；(2) 求 $Y=|X|$ 的分布律．

24. 设 $X\sim N(0,1)$，求下列随机变量 Y 的密度函数：

(1) $Y=2X-1$；(2) $Y=e^{-X}$；(3) $Y=X^2$．

25. 设随机变量 $X\sim U(0,\pi)$，求下列随机变量 Y 的密度函数：

(1) $Y=2\ln X$；(2) $Y=\cos X$；(3) $Y=\sin X$．

第3章 多维随机变量及其分布

在许多实际问题中，随机试验的结果往往需要用两个或两个以上的随机变量来描述．例如，在打靶射击中，炮弹弹着点的位置需要由它的横坐标 X 和纵坐标 Y 来确定，这就涉及两个随机变量 X 和 Y．又例如，在研究分子运动中，考虑分子运动的速度 v，这里 $v=(X, Y, Z)$ 由三个分量组成，当分子自由运动时，其速度 v 的三个分量 X、Y 和 Z 都是随机变量．

一般地，设 $\Omega=\{\omega\}$ 是随机试验 E 的样本空间，$X_1(\omega)$，$X_2(\omega)$，$\cdots$，$X_n(\omega)$ 为定义在 Ω 上的 n 个随机变量，称这 n 个随机变量构成的数组 $(X_1, X_2, \cdots, X_n)$ 为 n 维随机变量，或称为随机向量．例如，打靶射击中弹着点的位置 (X, Y) 是一个二维随机变量，自由运动的分子速度 $v=(X, Y, Z)$ 是一个三维随机变量．

由于对于 $n(\geqslant 2)$ 维随机变量的研究与二维随机变量类似，基本没有本质上的差异，故本章主要讨论二维随机变量，所有结论都可以直接推广到 n 维随机变量．

3.1 二维随机变量的联合分布

二维随机变量 (X, Y) 的性质不仅与 X 和 Y 的性质有关，而且还依赖于这两个随机变量的相互关系，因此，仅仅逐个研究 X 和 Y 的性质是不够的，必须把 (X, Y) 作为一个整体加以研究．

首先引入 (X, Y) 的分布函数的概念．

定义 3.1.1 设 (X, Y) 是二维随机变量，对于任意实数 x，y，称二元函数

$$F(x, y)=P\{X \leqslant x, Y \leqslant y\} \qquad (3.1.1)$$

为二维随机变量 (X, Y) 的联合分布函数，简称为分布函数．

分布函数 $F(x, y)$ 表示事件 $\{X \leqslant x\}$ 和事件 $\{Y \leqslant y\}$ 同时发生的概率，即它们的积事件的概率．如果把 (X, Y) 看成是平面上随机点的坐标，则分布函数 $F(x, y)$ 在点 (x, y) 处的函数值，就是随机点 (X, Y) 落在平面上的以点 (x, y) 为顶点而位于该点左下的无穷矩形区域内的概率，如图 3.1.1 所示．

由分布函数 $F(x，y)$ 的上述几何解释容易知道，随机点 $(X，Y)$ 落在图 3.1.2 中的矩形区域 $\{x_1<X\leqslant x_2，y_1<Y\leqslant y_2\}$ 内的概率可以表示为

$$P\{x_1<X\leqslant x_2，y_1<Y\leqslant y_2\}=F(x_2，y_2)-F(x_2，y_1)-F(x_1，y_2)+F(x_1，y_1).$$

(3.1.2)

分布函数 $F(x，y)$ 具有下列三个基本性质：

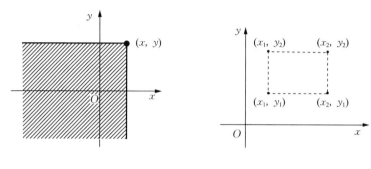

图 3.1.1　　　　　　　　　　　　图 3.1.2

性质 1　$F(x，y)$ 分别关于 x 和 y 单调不减，即对于任意固定的 y，当 $x_1<x_2$ 时，$F(x_1，y)\leqslant F(x_2，y)$；对于任意固定的 x，当 $y_1<y_2$ 时，$F(x，y_1)\leqslant F(x，y_2)$.

这里仅对固定 y 时的情况加以证明．事实上，由 (3.1.1) 式可得

$$F(x_2，y)-F(x_1，y)=P\{X\leqslant x_2，Y\leqslant y\}-P\{X\leqslant x_1，Y\leqslant y\}$$
$$=P\{x_1<X\leqslant x_2，Y\leqslant y\}\geqslant 0$$

性质 2　$F(x，y)$ 关于 x 右连续，关于 y 也右连续，即

$$F(x+0，y)=F(x，y)，\quad F(x，y+0)=F(x，y).$$

性质 3　$0\leqslant F(x，y)\leqslant 1$，且对于任意固定的 y，

$$F(-\infty，y)=\lim_{x\to-\infty}F(x，y)=0,$$

对于任意固定的 x，

$$F(x，-\infty)=\lim_{y\to-\infty}F(x，y)=0,$$

及

$$F(-\infty，-\infty)=\lim_{\substack{x\to-\infty\\y\to-\infty}}F(x，y)=0,$$

$$F(+\infty，+\infty)=\lim_{\substack{x\to+\infty\\y\to+\infty}}F(x，y)=1.$$

上面四个式子的意义可以从几何上直观解释．例如，若在图 3.1.1 中将无穷矩形的右边界向左无限移动（即令 $x\to-\infty$），则随机变量 $(X，Y)$ 落在这个矩形内这一事件趋于不可能事件，其概率趋于零，即有 $F(-\infty，y)=0$. 又当 $x\to+\infty$，$y\to+\infty$ 时，图 3.1.1 中的无穷矩形扩展到全平面，随机变量

$(X，Y)$落在这个矩形内这一事件趋于必然事件，其概率趋于 1，即有

$$F(+\infty，+\infty)=1.$$

与一维随机变量一样，二维随机变量也有离散型与连续型之分，下面分别讨论它们.

3.2　二维离散型随机变量

如果二维随机变量$(X，Y)$的每个分量都是离散型的，则称$(X，Y)$是二维离散型随机变量. 因为离散型随机变量只能取有限或可列无穷个值，因此二维离散型随机变量$(X，Y)$的所有可能取值也是有限的或可列无穷的.

定义 3.2.1　设二维离散型随机变量$(X，Y)$的所有可能取值为$(x_i，y_j)$，$i，j=1，2，\cdots$，记这些基本事件的概率为

$$P\{X=x_i，Y=y_j\}=p_{ij}，\quad i，j=1，2，\cdots，\quad (3.2.1)$$

称(3.2.1)式为离散型随机变量$(X，Y)$的联合概率分布或联合分布律，简称为分布律.

$(X，Y)$的分布律也可用如下的表格来表示.

Y \ X	y_1	y_2	$\cdots$	y_j	$\cdots$
x_1	p_{11}	p_{12}	$\cdots$	p_{1j}	$\cdots$
x_2	p_{21}	p_{22}	$\cdots$	p_{2j}	$\cdots$
$\vdots$	$\vdots$	$\vdots$		$\vdots$	
x_i	p_{i1}	p_{i2}	$\cdots$	p_{ij}	$\cdots$
$\vdots$	$\vdots$	$\vdots$		$\vdots$	

由概率的性质知，p_{ij}具有如下性质：

性质 1　$p_{ij} \geqslant 0，i，j=1，2，\cdots$.

性质 2　$\displaystyle\sum_i \sum_j p_{ij}=1$.

离散型随机变量$(X，Y)$的分布函数为

$$F(x,y)=P\{X\leqslant x,Y\leqslant y\}=\sum_{x_i\leqslant x}\sum_{y_i\leqslant y}p_{ij}，\quad (3.2.2)$$

其中和式表示对一切满足$x_i\leqslant x，y_i\leqslant y$的$i$和$j$求和.

例 3.2.1　设随机变量X在 1，2，3，4 四个整数中等可能地取一个值，另一个随机变量Y在$1\sim X$之间等可能地取一整数值，试求$(X，Y)$的分布律.

解　易知$\{X=i，Y=j\}$的取值情况是：$i=1，2，3，4，j\leqslant i$. 由概率的乘法公式，

$$P\{X=i，Y=j\}=P\{Y=j\mid X=i\}P\{X=i\}=\frac{1}{i}\cdot\frac{1}{4}，i=1，2，3，4，j\leqslant i，$$

于是$(X，Y)$的分布律为

Y＼X	1	2	3	4
1	1/4	0	0	0
2	1/8	1/8	0	0
3	1/12	1/12	1/12	0
4	1/16	1/16	1/16	1/16

例 3.2.2　为了研究抽烟与肺癌的关系，随机调查了 23 000 个 40 岁以上的人，其结果见下表．表中的数字"3"表示既抽烟又患肺癌的人数，"4 597"表示抽烟但未患肺癌的人数，其余类似．

患肺癌＼吸烟	是	否	
是	3	4 597	4 600
否	1	18 399	18 400
	4	22 996	23 000

为了进一步研究这个问题，引进二维随机变量$(X，Y)$，其中

$$X=\begin{cases}1，若被调查者不抽烟，\\0，若被调查者抽烟；\end{cases}$$

$$Y=\begin{cases}1，若被调查者未患肺癌，\\0，若被调查者患肺癌．\end{cases}$$

从原始数据表中每一种情况出现的次数计算它们出现的频率作为概率的估计，即有分布律：

$$P\{X=0，Y=0\}=0.00013，$$
$$P\{X=1，Y=0\}=0.00004，$$
$$P\{X=0，Y=1\}=0.19987，$$
$$P\{X=1，Y=1\}=0.79996.$$

可以看出，既抽烟又患肺癌的概率是 0.000 13，而不抽烟患肺癌的概率是 0.000 04，等等．上述分布律也可由下表给出．

X \ Y	0	1
0	0.000 13	0.199 87
1	0.000 04	0.799 96

3.3　二维连续型随机变量

3.3.1　联合密度函数

与一维连续型随机变量的定义类似，二维连续型随机变量有如下定义．

定义 3.3.1　设二维随机变量 $(X，Y)$ 的联合分布函数为 $F(x，y)$，如果存在非负函数 $f(x，y)$，使得对于任意实数 $x，y$，有

$$F(x,y) = \int_{-\infty}^{y}\int_{-\infty}^{x} f(u,v)\mathrm{d}u\mathrm{d}v，$$

则称 $(X，Y)$ 为二维连续型随机变量，并称函数 $f(x，y)$ 为 $(X，Y)$ 的联合概率密度函数，简称为联合密度函数，或密度函数．

密度函数 $f(x，y)$ 具有以下性质：

性质 1　$f(x，y) \geqslant 0，-\infty < x < +\infty，-\infty < y < +\infty.$

性质 2　$\displaystyle\int_{-\infty}^{+\infty}\int_{-\infty}^{+\infty} f(x,y)\mathrm{d}x\mathrm{d}y = F(+\infty，+\infty) = 1.$

性质 3　如果 $f(x，y)$ 在点 $(x，y)$ 处连续，则有

$$\frac{\partial^2 F(x，y)}{\partial x \partial y} = f(x，y).$$

性质 4　设 D 是 xOy 平面上的一个平面区域，则 $(X，Y)$ 落在 D 内的概率为

$$P\{(X，Y)\in D\} = \iint\limits_{D} f(x,y)\,\mathrm{d}x\mathrm{d}y. \tag{3.3.1}$$

密度函数 $z = f(x，y)$ 的图形是一个空间曲面，称之为分布曲面．性质 2 的几何意义是，介于分布曲面 $z = f(x，y)$ 和 xOy 平面之间的全部体积等于 1．性质 4 中概率 $P\{(X，Y)\in D\}$ 的几何意义是，它等于以 D 为底，以曲面 $z = f(x，y)$ 为顶的曲顶柱体的体积，如图 3.3.1 所示．

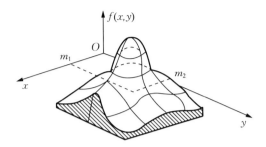

图 3.3.1　$P\{(X, Y) \in D\}$ 的几何意义

例 3.3.1　设二维随机变量 (X, Y) 的密度函数为

$$f(x, y) = \begin{cases} k e^{-(2x+3y)}, & x > 0, y > 0, \\ 0, & \text{其他}. \end{cases}$$

(1) 确定常数 k；

(2) 求 (X, Y) 的分布函数；

(3) 求 $P\{0 < X \leqslant 4, 0 < Y \leqslant 1\}$；

(4) 求 $P\{X < Y\}$.

解　(1) 由性质 2，有

$$1 = \int_{-\infty}^{+\infty} \int_{-\infty}^{+\infty} f(x, y) \mathrm{d}x\mathrm{d}y = \int_0^{+\infty} \int_0^{+\infty} k e^{-(2x+3y)} \mathrm{d}x\mathrm{d}y$$

$$= k \int_0^{+\infty} e^{-2x} \mathrm{d}x \int_0^{+\infty} e^{-3y} \mathrm{d}y$$

$$= k\left[-\frac{1}{2}e^{-2x}\right]_0^{+\infty}\left[-\frac{1}{3}e^{-3y}\right]_0^{+\infty} = \frac{k}{6},$$

即得 $k = 6$.

(2) 由定义 3.3.1，有

$$F(x, y) = \int_{-\infty}^{y} \int_{-\infty}^{x} f(u, v) \mathrm{d}u\mathrm{d}v$$

$$= \begin{cases} \displaystyle\int_0^y \int_0^x 6 e^{-(2u+3v)} \mathrm{d}u\mathrm{d}v, & x > 0, y > 0, \\ 0, & \text{其他} \end{cases}$$

$$= \begin{cases} (1 - e^{-2x})(1 - e^{-3y}), & x > 0, y > 0, \\ 0, & \text{其他}. \end{cases}$$

(3) 所求概率为

$$P\{0 < X \leqslant 4, 0 < Y \leqslant 1\} = \int_0^1 \int_0^4 6 e^{-(2x+3y)} \mathrm{d}x\mathrm{d}y = (1 - e^{-8})(1 - e^{-3}) \approx 0.95.$$

该小题也可按公式 (3.1.2) 来求，请读者自己验算.

（4）所求概率为

$$P\{X < Y\} = \iint\limits_{D} f(x,y)\mathrm{d}x\mathrm{d}y = \iint\limits_{x < y} f(x,y)\mathrm{d}x\mathrm{d}y$$

$$= \int_0^{+\infty} \left[\int_0^y 6\mathrm{e}^{-(2x+3y)}\,\mathrm{d}x\right]\mathrm{d}y = \int_0^{+\infty} 3\mathrm{e}^{-3y}\left[1-\mathrm{e}^{-2y}\right]\mathrm{d}y$$

$$= \int_0^{+\infty} 3\mathrm{e}^{-3y}\mathrm{d}y - \int_0^{+\infty} 3\mathrm{e}^{-5y}\mathrm{d}y = 1 - \frac{3}{5} = \frac{2}{5}.$$

3.3.2　常见的连续型随机变量

1. 二维均匀分布

定义 3.3.2　设 D 是平面上的有界区域，其面积为 S，若二维随机变量 (X,Y) 的密度函数为

$$f(x,y) = \begin{cases} \dfrac{1}{S}, & (x,y) \in D, \\ 0, & \text{其他}, \end{cases}$$

则称 (X,Y) 在 D 上服从均匀分布．

　　与第 2 章中随机变量服从的均匀分布相类似，在区域 D 上服从均匀分布的 (X,Y) 落在 D 中某一区域 A 内的概率 $P\{(X,Y) \in A\}$，与 A 的面积成正比，而与 A 的位置和形状无关．

　　例 3.3.2　设 (X,Y) 在圆域 $x^2+y^2 \leqslant 4$ 上服从均匀分布，计算 $P\{(X,Y) \in A\}$，这里区域 A 是由 $x=0$，$y=0$ 和 $x+y=1$ 三条直线所围成的三角形区域，即图 3.3.2 中阴影部分区域．

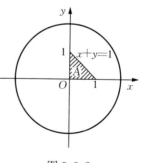

图 3.3.2

　　解　圆域 $x^2+y^2 \leqslant 4$ 的面积 $S=4\pi$，因此 (X,Y) 的密度函数为

$$f(x,y) = \begin{cases} \dfrac{1}{4\pi}, & x^2+y^2 \leqslant 4, \\ 0, & \text{其他}, \end{cases}$$

区域 A 包含在圆域 $x^2+y^2 \leqslant 4$ 之内，其面积为 $\dfrac{1}{2}$，于是由（3.3.1）式，得

$$P\{(X,Y) \in A\} = \iint\limits_{A} \frac{1}{4\pi}\mathrm{d}x\mathrm{d}y = \frac{1}{4\pi}\iint\limits_{A}\mathrm{d}x\mathrm{d}y = \frac{1}{8\pi}.$$

2. 二维正态分布

定义 3.3.3　若二维随机变量 (X,Y) 的密度函数为

$$f(x, y) = \frac{1}{2\pi\sigma_1\sigma_2\sqrt{1-\rho^2}}\exp\left\{\frac{-1}{2(1-\rho^2)}\left[\frac{(x-\mu_1)^2}{\sigma_1^2} - 2\rho\frac{(x-\mu_1)(y-\mu_2)}{\sigma_1\sigma_2} + \frac{(y-\mu_2)^2}{\sigma_2^2}\right]\right\}, \quad -\infty < x, y < +\infty,$$

其中 $\sigma_1 > 0$，$\sigma_2 > 0$，$-1 < \rho < 1$，则称 (X, Y) 服从参数为 μ_1，μ_2，σ_1，σ_2，ρ 的二维正态分布.

3.4　边缘分布

3.4.1　边缘分布函数

二维随机变量 (X, Y) 作为一个整体，具有联合分布函数 $F(x, y)$，而 X 和 Y 又都是一维随机变量，自然都有各自的分布函数，分别记为 $F_X(x)$ 和 $F_Y(y)$，依次称它们为二维随机变量 (X, Y) 关于 X 和关于 Y 的边缘分布函数.

需要指出的是，边缘分布函数 $F_X(x)$ 和 $F_Y(y)$ 就是一维随机变量 X 和 Y 的分布函数，即 $F_X(x) = P\{X \leqslant x\}$，$F_Y(y) = P\{Y \leqslant y\}$. 之所以称它们为边缘分布是相对于 (X, Y) 的联合分布而言的，或者它们可以由联合分布函数 $F(x, y)$ 来确定. 事实上，对于一个二维随机变量 (X, Y)，事件 $\{X \leqslant x\}$ 是由所有横坐标小于或等于 x 的点组成的集合，在平面上就是事件 $\{X \leqslant x, Y < +\infty\}$. 因此，边缘分布函数 $F_X(x)$ 可以由 (X, Y) 的联合分布函数 $F(x, y)$ 来确定，即有

$$F_X(x) = P\{X \leqslant x\} = P\{X \leqslant x, Y < +\infty\} = F(x, +\infty).$$

$$(3.4.1)$$

同理有

$$F_Y(y) = P\{Y \leqslant y\} = P\{X < +\infty, Y \leqslant y\} = F(+\infty, y).$$

$$(3.4.2)$$

3.4.2　离散型随机变量的边缘分布

设 (X, Y) 为二维离散型随机变量，若已知其联合分布律为

$$P\{X = x_i, Y = y_j\} = p_{ij}, \quad i, j = 1, 2, \cdots,$$

由 (3.4.1) 式和 (3.4.2) 式可得

$$F_X(x) = F(x, +\infty) = \sum_{x_i \leqslant x}\sum_{y_j < +\infty} p_{ij} = \sum_{x_i \leqslant x}\sum_j p_{ij}.$$

对照一维随机变量 X 的分布函数定义

$$F_X(x) = P\{X \leqslant x\} = \sum_{x_i \leqslant x} P\{X = x_i\},$$

可知 X 的分布律为

$$P\{X = x_i\} = \sum_{j=1}^{\infty} p_{ij}, i = 1,2,\cdots,$$

这里事件 $\{X = x_i\}$ 即所有横坐标为 x_i 的样本点集合 $\{(x_i, y_j) \mid j = 1, 2, \cdots\}$ 构成的事件.

同理, Y 的分布律为

$$P\{Y = y_j\} = \sum_{i=1}^{\infty} p_{ij}, j = 1,2,\cdots,$$

记
$$p_{i\cdot} = P\{X = x_i\} = \sum_j p_{ij}, i = 1,2,\cdots, \tag{3.4.3}$$

$$p_{\cdot j} = P\{Y = y_j\} = \sum_i p_{ij}, j = 1,2,\cdots, \tag{3.4.4}$$

分别称 $p_{i\cdot}$ 和 $p_{\cdot j}(i, j = 1, 2, \cdots)$ 为 X 和 Y 的边缘分布律.

X 的边缘分布律可以用表格形式表示为

X	x_1	x_2	$\cdots$	x_i	$\cdots$
$p_{i\cdot}$	$p_1\cdot$	$p_2\cdot$	$\cdots$	$p_i\cdot$	$\cdots$

类似地, Y 的边缘分布律可表示为

Y	y_1	y_2	$\cdots$	y_j	$\cdots$
$p_{\cdot j}$	$p_{\cdot 1}$	$p_{\cdot 2}$	$\cdots$	$p_{\cdot j}$	$\cdots$

例 3.4.1　求例 3.2.1 中 (X, Y) 的分量 X 和 Y 的边缘分布律.

解　X 所有可能取的值为 1, 2, 3, 4, 分别记为 x_1, x_2, x_3 和 x_4; Y 所有可能取的值也是 1, 2, 3, 4, 分别记为 y_1, y_2, y_3 和 y_4. 由 (3.4.3) 式得到 X 的边缘分布律为

$$P\{X=1\} = p_1 \cdot = p_{11} + p_{12} + p_{13} + p_{14} = \frac{1}{4} + 0 + 0 + 0 = \frac{1}{4},$$

$$P\{X=2\} = p_2 \cdot = p_{21} + p_{22} + p_{23} + p_{24} = \frac{1}{8} + \frac{1}{8} + 0 + 0 = \frac{1}{4},$$

$$P\{X=3\} = p_3 \cdot = p_{31} + p_{32} + p_{33} + p_{34} = \frac{1}{12} + \frac{1}{12} + \frac{1}{12} + 0 = \frac{1}{4},$$

$$P\{X=4\} = p_4 \cdot = p_{41} + p_{42} + p_{43} + p_{44} = \frac{1}{16} + \frac{1}{16} + \frac{1}{16} + \frac{1}{16} = \frac{1}{4}.$$

由(3.4.4)式得到 Y 的边缘分布律为

$$P\{Y=1\}=p_{\cdot 1}=p_{11}+p_{21}+p_{31}+p_{41}=\frac{1}{4}+\frac{1}{8}+\frac{1}{12}+\frac{1}{16}=\frac{25}{48},$$

$$P\{Y=2\}=p_{\cdot 2}=p_{12}+p_{22}+p_{32}+p_{42}=0+\frac{1}{8}+\frac{1}{12}+\frac{1}{16}=\frac{13}{48},$$

$$P\{Y=3\}=p_{\cdot 3}=p_{13}+p_{23}+p_{33}+p_{43}=0+0+\frac{1}{12}+\frac{1}{16}=\frac{7}{48},$$

$$P\{Y=4\}=p_{\cdot 4}=p_{14}+p_{24}+p_{34}+p_{44}=0+0+0+\frac{1}{16}=\frac{3}{48}.$$

(X,Y) 的联合分布律和边缘分布律可由下表给出，该表的中间部分是 (X,Y) 的联合分布律，最右边一列给出 X 的边缘分布律，最下面一行给出 Y 的边缘分布律.

Y X	1	2	3	4	$p_i\cdot$
1	1/4	0	0	0	1/4
2	1/8	1/8	0	0	1/4
3	1/12	1/12	1/12	0	1/4
4	1/16	1/16	1/16	1/16	1/4
$p_{\cdot j}$	25/48	13/48	7/48	3/48	

例3.4.2　对例3.2.2中二维随机变量 (X,Y)，分别求 X 和 Y 的边缘分布律.

解　由(3.4.3)式，得到 X 的边缘分布律为

$$P\{X=0\}=P\{X=0,Y=0\}+P\{X=0,Y=1\}$$
$$=0.00013+0.19987=0.2,$$
$$P\{X=1\}=P\{X=1,Y=0\}+P\{X=1,Y=1\}$$
$$=0.00004+0.79996=0.8,$$

由此可知，随机抽取一个人，他吸烟的概率为 0.2，不吸烟的概率为 0.8.

同样地，由(3.4.4)式，得到 Y 的边缘分布律

$$P\{Y=0\}=P\{X=0,Y=0\}+P\{X=1,Y=0\}$$
$$=0.00013+0.00004=0.00017,$$
$$P\{Y=1\}=P\{X=0,Y=1\}+P\{X=1,Y=1\}$$
$$=0.19987+0.79996=0.99983,$$

由此可知，随机抽取一个人，他患肺癌的概率为 0.000 17，不患肺癌的概率为 0.999 83.

$(X，Y)$ 的联合分布和边缘分布律可由下表给出.

Y X	0	1	$p_i.$
0	0. 000 13	0. 199 87	0. 200 00
1	0. 000 04	0. 799 96	0. 800 00
$p._j$	0. 000 17	0. 999 83	

3.4.3 连续型随机变量的边缘分布

设 $(X，Y)$ 为二维连续型随机变量，其联合密度函数为 $f(x，y)$，由 (3.4.1) 式和定义 3.3.1 得到 X 的边缘分布函数

$$F_X(x) = F(x，+\infty) = \int_{-\infty}^{x} \left[\int_{-\infty}^{+\infty} f(u,y)\mathrm{d}y \right] \mathrm{d}u，$$

因此 X 是一个连续型随机变量，其密度函数为

$$f_X(x) = \int_{-\infty}^{+\infty} f(x,y)\mathrm{d}y . \tag{3.4.5}$$

同理可知，Y 也是一个连续型随机变量，其密度函数为

$$f_Y(y) = \int_{-\infty}^{+\infty} f(x,y)\mathrm{d}x . \tag{3.4.6}$$

分别称 $f_X(x)$ 和 $f_Y(y)$ 为 X 和 Y 的边缘密度函数.

在 $f_X(x)$ 和 $f_Y(y)$ 的连续点处，有

$$\frac{\mathrm{d}F_X(x)}{\mathrm{d}x} = f_X(x)，\qquad \frac{\mathrm{d}F_Y(y)}{\mathrm{d}y} = f_Y(y).$$

例 3.4.3 设二维随机变量 $(X，Y)$ 在区域 G 上服从均匀分布，其中 G 是由直线 $x=0$，$y=0$ 和 $\frac{x}{2}+y=1$ 所围区域，即图 3.4.1 中阴影部分，求 $(X，Y)$ 的联合密度函数和边缘密度函数.

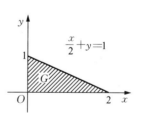

图 3.4.1

解 因为 $(X，Y)$ 在区域 G 上服从均匀分布，且 G 的面积 $S = \frac{1}{2} \times 2 \times 1 = 1$，因此 $(X，Y)$ 有联合密度函数

$$f(x，y) = \begin{cases} 1，& (x，y) \in G， \\ 0，& \text{其他}. \end{cases}$$

当 $0 \leqslant x \leqslant 2$ 时，

$$f_X(x) = \int_{-\infty}^{+\infty} f(x,y)\mathrm{d}y = \int_{-\infty}^{0} 0\mathrm{d}y + \int_{0}^{1-\frac{x}{2}} \mathrm{d}y + \int_{1-\frac{x}{2}}^{+\infty} 0\mathrm{d}y = 1 - \frac{x}{2}，$$

当 $x<0$ 或 $x>2$ 时，$f(x, y)=0$，

所以 $f_X(x)=0$，即 X 的边缘密度函数为

$$f_X(x)=\int_{-\infty}^{+\infty} f(x, y)\mathrm{d}y=\begin{cases}1-\dfrac{x}{2}, & 0\leqslant x\leqslant 2,\\ 0, & \text{其他}.\end{cases}$$

同理可得 Y 的边缘密度函数

$$f_Y(y)=\int_{-\infty}^{+\infty} f(x,y)\mathrm{d}x=\begin{cases}2(1-y), & 0\leqslant y\leqslant 1,\\ 0, & \text{其他}.\end{cases}$$

例 3.4.4　设 (X, Y) 服从参数为 $\mu_1=\mu_2=0$，$\sigma_1=\sigma_2=1$，ρ 的二维正态分布，分别求 X 和 Y 的边缘密度函数.

解　该二维正态分布的联合密度函数为

$$f(x, y)=\frac{1}{2\pi\sqrt{1-\rho^2}}\exp\left\{\frac{-1}{2(1-\rho^2)}\left[x^2+y^2-2\rho xy\right]\right\}, \quad -\infty<x, y<+\infty.$$

由于 $x^2+y^2-2\rho xy=(y-\rho x)^2+(1-\rho^2)x^2$，于是

$$f_X(x)=\frac{1}{2\pi}e^{-\frac{x^2}{2}}\int_{-\infty}^{+\infty}\frac{1}{\sqrt{1-\rho^2}}\exp\left\{-\frac{1}{2(1-\rho^2)}(y-\rho x)^2\right\}\mathrm{d}y.$$

令 $t=\dfrac{1}{\sqrt{1-\rho^2}}(y-\rho x)$，则有

$$f_X(x)=\frac{1}{2\pi}e^{-\frac{x^2}{2}}\int_{-\infty}^{+\infty}e^{-\frac{t^2}{2}}\mathrm{d}t=\frac{1}{\sqrt{2\pi}}e^{-\frac{x^2}{2}}, \quad -\infty<x<+\infty,$$

即 $X\sim N(0, 1)$.

同理有 $Y\sim N(0, 1)$，其密度函数为

$$f_Y(y)=\frac{1}{\sqrt{2\pi}}e^{-\frac{y^2}{2}}, \quad -\infty<y<+\infty.$$

由例 3.4.4 可知，二维正态分布的边缘分布是一维正态分布，且不依赖于参数 ρ. 事实上，通过类似的计算可以证明，若 (X, Y) 服从参数为 μ_1，μ_2，σ_1，σ_2，ρ 的一般二维正态分布，则它们的边缘分布是一维正态分布，即 $X\sim N(\mu_1, \sigma_1^2)$，$Y\sim N(\mu_2, \sigma_2^2)$. 这一事实也说明，边缘分布只考虑了单个分量的情况，未涉及 X 和 Y 之间的关系，X 和 Y 之间的关系信息包含在 (X, Y) 的联合分布之内. 一般来说，仅由 X 和 Y 的边缘分布不能确定二维随机变量 (X, Y) 的联合分布.

3.5　条件分布

在第 1 章，我们讨论了某事件发生条件下另一事件发生的条件概率，它是

对随机事件而言的．在本节中，我们讨论随机变量的条件分布．设有两个随机变量 X 和 Y，在已知 Y 取定某个值或某些值的条件下，X 的分布称为 X 的条件分布．类似地，也可以定义 Y 的条件分布．

例如，从一大群人中随机挑出一个人，分别用 X 和 Y 记这个人的体重和身高，则 X 和 Y 都是随机变量，它们都有自己的分布．现在如果限制 Y 的取值在 $1.5 \sim 1.6\,\mathrm{m}$ 之间，即 $1.5 \leqslant Y \leqslant 1.6$，在这个限制下求 X 的条件分布，就意味着要从这一大群人中把身高从 $1.5 \sim 1.6\,\mathrm{m}$ 之间的那些人都挑出来，然后在挑出的人群中求其体重的分布．易知，这个分布与不设限制的无条件分布是不同的，因为我们是把身高 Y 限制在比较低的人群中来考虑体重 X 的分布的．类似地可以考虑限制 X 取某些值的条件下，求 Y 的条件分布．

3.5.1　离散型随机变量的条件分布

设 (X, Y) 是二维离散型随机变量，其分布律为
$$P\{X=x_i, Y=y_i\}=p_{ij}, \quad i, j=1, 2, \cdots,$$
(X, Y) 的分量 X 和 Y 的边缘分布律分别为
$$p_{i\cdot} = P\{X=x_i\} = \sum_j p_{ij}, \quad i=1, 2, \cdots,$$
$$p_{\cdot j} = P\{Y=y_j\} = \sum_i p_{ij}, \quad j=1, 2, \cdots,$$
设 $p_{i\cdot}>0$，$p_{\cdot j}>0$，$i, j=1, 2, \cdots$．现在考虑事件 $\{Y=y_j\}$ 发生条件下 X 的条件分布，即在 $\{Y=y_j\}$ 发生的条件下，对 $i=1, 2, \cdots$，求事件 $\{X=x_i\}$ 的概率 $P\{X=x_i \mid Y=y_j\}$，$i=1, 2, \cdots$．由条件概率的定义，
$$P\{X=x_i \mid Y=y_j\} = \frac{P\{X=x_i, Y=y_j\}}{P\{Y=y_j\}} = \frac{p_{ij}}{p_{\cdot j}}, \quad i=1, 2, \cdots.$$

容易看出，上述条件概率具有离散型随机变量分布律的两条性质：

(1) $P\{X=x_i \mid Y=y_j\} \geqslant 0$，$i=1, 2, \cdots$；

(2) $\sum_i P\{X=x_i \mid Y=y_j\}=1$．

类似地，可以讨论 $P\{Y=y_j \mid X=x_i\}$，$j=1, 2, \cdots$．

定义 3.5.1　设 (X, Y) 为二维离散型随机变量．对于固定的 j，若 $p_{\cdot j}>0$，则称
$$P\{X=x_i \mid Y=y_j\} = \frac{p_{ij}}{p_{\cdot j}}, \quad i=1, 2, \cdots \tag{3.5.1}$$
为 $Y=y_j$ 条件下 X 的条件分布律．对于固定的 i，若 $p_{i\cdot}>0$，则称
$$P\{Y=y_j \mid X=x_i\} = \frac{p_{ij}}{p_{i\cdot}}, \quad j=1, 2, \cdots \tag{3.5.2}$$

为 $X=x_i$ 条件下 Y 的条件分布律.

例 3.5.1 设 (X,Y) 的联合分布律为例 3.2.1 中的分布律，求：

(1) 在 $Y=1$ 条件下，X 的条件分布律；

(2) 在 $X=1$ 条件下，Y 的条件分布律.

解 (1) X 和 Y 的边缘分布律在例 3.4.1 中已求出，由 (3.5.1) 式可得

$$P\{X=1|Y=1\}=\frac{1}{4}\Big/\frac{25}{48}=\frac{12}{25},$$

$$P\{X=2|Y=1\}=\frac{1}{8}\Big/\frac{25}{48}=\frac{6}{25},$$

$$P\{X=3|Y=1\}=\frac{1}{12}\Big/\frac{25}{48}=\frac{4}{25},$$

$$P\{X=4|Y=1\}=\frac{1}{16}\Big/\frac{25}{48}=\frac{3}{25},$$

即在 $Y=1$ 条件下，X 的条件分布律为

X	1	2	3	4
$\dfrac{p_{i1}}{p._1}$	$\dfrac{12}{25}$	$\dfrac{6}{25}$	$\dfrac{4}{25}$	$\dfrac{3}{25}$

(2) 同理可得，在 $X=1$ 的条件下，Y 的条件分布律为

Y	1	2	3	4
$\dfrac{p_{1j}}{p_1.}$	1	0	0	0

类似地，可以分别求出 $Y=2$，3，4 条件下 X 的条件分布律，以及 $X=2$，3，4 条件下，Y 的条件分布律 (请自己练习).

3.5.2　连续型随机变量的条件分布

设 (X,Y) 是二维连续型随机变量. 由于对任意 x，y，$P\{X=x\}=0$，$P\{Y=y\}=0$，因此不能像离散型随机变量那样引入条件分布. 下面我们用求极限的方法来推导条件分布函数.

给定 y，设对任意的 $\varepsilon>0$，概率 $P\{y-\varepsilon<Y\leqslant y+\varepsilon\}>0$，于是对于任意的 x，

$$P\{X\leqslant x|y-\varepsilon<Y\leqslant y+\varepsilon\}=\frac{P\{X\leqslant x,\ y-\varepsilon<Y\leqslant y+\varepsilon\}}{P\{y-\varepsilon<Y\leqslant y+\varepsilon\}},$$

它是在条件 $y-\varepsilon<Y\leqslant y+\varepsilon$ 下 X 的条件分布函数. 若 $\varepsilon\to0$ 时上式极限存在，则称该极限为在条件 $Y=y$ 下 X 的条件分布函数，记为 $P\{X\leqslant x|Y=y\}$ 或

$F_{X|Y}(x|y)$，即

$$F_{X|Y}(x|y)=\lim_{\varepsilon\to0}\frac{P\{X\leqslant x,\ y-\varepsilon<Y\leqslant y+\varepsilon\}}{P\{y-\varepsilon<Y\leqslant y+\varepsilon\}}. \tag{3.5.3}$$

在条件 $Y=y$ 下，若存在 x 的函数 $f_{X|Y}(x|y)\geqslant0$，使得

$$F_{X|Y}(x|y)=\int_{-\infty}^{x}f_{X|Y}(u|y)\mathrm{d}u,$$

则称 $f_{X|Y}(x|y)$ 为在条件 $Y=y$ 下 X 的条件密度函数，简称为条件密度.

定理 3.5.1 设二维连续型随机变量 (X,Y) 的联合密度函数为 $f(x,y)$，Y 的边缘密度函数为 $f_Y(y)$. 若 $f(x,y)$ 在点 (x,y) 处连续，$f_Y(y)$ 在点 y 处连续，且 $f_Y(y)>0$，则在条件 $Y=y$ 下 X 的条件密度函数为

$$f_{X|Y}(x|y)=\frac{f(x,y)}{f_Y(y)}. \tag{3.5.4}$$

证 设 (X,Y) 的联合分布函数为 $F(x,y)$，Y 的边缘分布函数为 $F_Y(y)$，由 (3.5.3) 式，

$$F_{X|Y}(x|y)=\lim_{\varepsilon\to0}\frac{P\{X\leqslant x,\ y-\varepsilon<Y\leqslant y+\varepsilon\}}{P\{y-\varepsilon<Y\leqslant y+\varepsilon\}}=\lim_{\varepsilon\to0}\frac{F(x,y+\varepsilon)-F(x,y-\varepsilon)}{F_Y(y+\varepsilon)-F_Y(y-\varepsilon)}$$

$$=\frac{\displaystyle\lim_{\varepsilon\to0}\frac{F(x,y+\varepsilon)-F(x,y-\varepsilon)}{2\varepsilon}}{\displaystyle\lim_{\varepsilon\to0}\frac{F_Y(y+\varepsilon)-F_Y(y-\varepsilon)}{2\varepsilon}}=\frac{\dfrac{\partial F(x,y)}{\partial y}}{\dfrac{\mathrm{d}F_Y(y)}{\mathrm{d}y}}$$

$$=\frac{\displaystyle\int_{-\infty}^{x}f(u,y)\mathrm{d}u}{f_Y(y)}=\int_{-\infty}^{x}\frac{f(u,y)}{f_Y(y)}\mathrm{d}u,$$

从而

$$f_{X|Y}(x|y)=\frac{f(x,y)}{f_Y(y)}.$$

类似地，可以定义 $F_{Y|X}(y|x)$ 和 $f_{Y|X}(y|x)$，且可证明，当 $f(x,y)$ 在点 (x,y) 处连续，$f_X(x)$ 在 x 处连续，且 $f_X(x)>0$ 时，

$$f_{Y|X}(y|x)=\frac{f(x,y)}{f_X(x)}. \tag{3.5.5}$$

例 3.5.2 设二维随机变量 (X,Y) 服从单位圆域 $x^2+y^2\leqslant1$ 上的均匀分布，求条件密度函数 $f_{X|Y}(x|y)$ 和 $f_{Y|X}(y|x)$.

解 (X,Y) 的联合密度函数为

$$f(x,y)=\begin{cases}\dfrac{1}{\pi}, & x^2+y^2\leqslant1,\\ 0, & \text{其他}.\end{cases}$$

Y 的边缘密度函数为

$$f_Y(y) = \int_{-\infty}^{+\infty} f(x, y)\mathrm{d}x$$

$$= \begin{cases} \dfrac{1}{\pi} \int_{-\sqrt{1-y^2}}^{\sqrt{1-y^2}} \mathrm{d}x, & -1 \leqslant y \leqslant 1, \\ 0, & \text{其他} \end{cases}$$

$$= \begin{cases} \dfrac{2}{\pi} \sqrt{1-y^2}, & -1 \leqslant y \leqslant 1, \\ 0, & \text{其他}, \end{cases}$$

于是当 $-1 < y < 1$ 时，$f_Y(y) > 0$. 因此由(3.5.4)式，当 $-1 < y < 1$ 时，

$$f_{X \mid Y}(x \mid y) = \begin{cases} \dfrac{\dfrac{1}{\pi}}{\dfrac{2}{\pi} \sqrt{1-y^2}}, & -\sqrt{1-y^2} \leqslant x \leqslant \sqrt{1-y^2}, \\ 0, & \text{其他} \end{cases}$$

$$= \begin{cases} \dfrac{1}{2 \sqrt{1-y^2}}, & -\sqrt{1-y^2} \leqslant x \leqslant \sqrt{1-y^2}, \\ 0, & \text{其他}. \end{cases}$$

这里条件 $-\sqrt{1-y^2} \leqslant x \leqslant \sqrt{1-y^2}$ 是由 $f(x, y) = \dfrac{1}{\pi}$ 的条件 $x^2 + y^2 \leqslant 1$ 确定的. 因为现在给定了 $y(-1 < y < 1)$，于是 x 满足 $x^2 + y^2 \leqslant 1$ 等价于 $-\sqrt{1-y^2} \leqslant x \leqslant \sqrt{1-y^2}$.

同理可得，当 $-1 < x < 1$ 时，$f_X(x) > 0$，且有条件密度函数

$$f_{Y \mid X}(y \mid x) = \begin{cases} \dfrac{1}{2 \sqrt{1-x^2}}, & -\sqrt{1-x^2} \leqslant y \leqslant \sqrt{1-x^2}, \\ 0, & \text{其他}. \end{cases}$$

特别地，当 $y = 0$ 时，X 的条件密度函数为

$$f_{X \mid Y}(x \mid 0) = \begin{cases} \dfrac{1}{2}, & -1 \leqslant x \leqslant 1, \\ 0, & \text{其他}, \end{cases}$$

即 X 的条件分布为 $[-1, 1]$ 上的均匀分布.

例 3.5.3　设二维随机变量 (X, Y) 的联合密度函数为

$$f(x, y) = \begin{cases} \dfrac{21}{4} x^2 y, & x^2 \leqslant y \leqslant 1, \\ 0, & \text{其他}, \end{cases}$$

求条件密度函数 $f_{X \mid Y}(x \mid y)$，$f_{Y \mid X}(y \mid x)$ 和条件概率 $P\{Y > \dfrac{3}{4} \mid X = \dfrac{1}{2}\}$.

解 X 和 Y 的边缘密度函数分别为

$$f_X(x) = \int_{-\infty}^{+\infty} f(x,y)\,\mathrm{d}y = \begin{cases} \dfrac{21}{8}x^2(1-x^4), & -1 \leqslant x \leqslant 1, \\ 0, & \text{其他}. \end{cases}$$

$$f_Y(y) = \int_{-\infty}^{+\infty} f(x,\ y)\,\mathrm{d}x = \begin{cases} \dfrac{7}{2}y^{\frac{5}{2}}, & 0 \leqslant y \leqslant 1, \\ 0, & \text{其他}. \end{cases}$$

从而当 $0 < y \leqslant 1$ 时，$f_Y(y) \neq 0$，此时 X 的条件密度函数为

$$f_{X|Y}(x|y) = \frac{f(x,\ y)}{f_Y(y)} = \begin{cases} \dfrac{3}{2}x^2 y^{-\frac{3}{2}}, & -\sqrt{y} \leqslant x \leqslant \sqrt{y}, \\ 0, & \text{其他}. \end{cases}$$

当 $-1 < x < 1$ 时，$f_X(x) \neq 0$，此时 Y 的条件密度函数为

$$f_{Y|X}(y|x) = \frac{f(x,\ y)}{f_X(x)} = \begin{cases} \dfrac{2y}{1-x^4}, & x^2 \leqslant y \leqslant 1, \\ 0, & \text{其他}. \end{cases}$$

特别地，对于 $x = \dfrac{1}{2}$，有

$$f_{Y|X}\left(y \,\middle|\, \frac{1}{2}\right) = \begin{cases} \dfrac{32}{15}y, & \dfrac{1}{4} \leqslant y \leqslant 1, \\ 0, & \text{其他}, \end{cases}$$

从而 $\quad P\left\{Y > \dfrac{3}{4} \,\middle|\, X = \dfrac{1}{2}\right\} = \displaystyle\int_{\frac{3}{4}}^{1} f_{Y|X}\left(y \,\middle|\, \frac{1}{2}\right)\mathrm{d}y = \int_{\frac{3}{4}}^{1} \frac{32}{15}y\,\mathrm{d}y = \frac{7}{15}.$

3.6 随机变量的独立性

下面我们利用第 1 章中两个随机事件的相互独立性概念，引出随机变量的相互独立性概念.

定义 3.6.1 设 $F(x,\ y)$ 及 $F_X(x)$，$F_Y(y)$ 分别是二维随机变量 $(X,\ Y)$ 的联合分布函数及边缘分布函数，若对任意的实数 x，y，都有

$$F(x,\ y) = F_X(x)F_Y(y), \tag{3.6.1}$$

则称随机变量 X 与 Y 相互独立.

由分布函数的定义，(3.6.1) 式可以写为

$$P\{X \leqslant x,\ Y \leqslant y\} = P\{X \leqslant x\}P\{Y \leqslant y\}, \tag{3.6.2}$$

因此，随机变量 X 与 Y 相互独立是指对任意实数 x，y，随机事件 $\{X \leqslant x\}$ 与 $\{Y \leqslant y\}$ 相互独立.

设 (X, Y) 是二维离散型随机变量，其所有可能取的值为 $(x_i,\ y_j)$，i，$j =$

1，2，…，则 X 与 Y 相互独立的条件可以写为

$$P\{X=x_i,\ Y=y_j\}=P\{X=x_i\}P\ \{Y=y_j\},\ i,\ j=1,\ 2,\ \cdots,$$

(3.6.3)

或者

$$p_{ij}=p_{i\cdot}\,p_{\cdot j},\qquad i,\ j=1,\ 2,\ \cdots,\qquad(3.6.4)$$

该等式是判断二维离散型随机变量$(X，Y)$的分量 X 与 Y 是否独立的常用方法，即当等式 $p_{ij}=p_{i\cdot}\,p_{\cdot j}$ 对所有 i，$j=1$，2，…都成立时，则可判断 X 与 Y 独立，否则若存在某$(i，j)$，使 $p_{ij}\neq p_{i\cdot}\,p_{\cdot j}$，则 X 与 Y 不独立．

下面定理给出判断连续型随机变量$(X，Y)$的分量 X 与 Y 是否独立的充分必要条件．

定理 3.6.1　设$(X，Y)$是二维连续型随机变量，$f(x，y)$和 $f_X(x)$，$f_Y(y)$分别是$(X，Y)$的联合密度函数和边缘密度函数，则 X 与 Y 相互独立的充分必要条件是，在 $f(x，y)$的连续点$(x，y)$处均有

$$f(x,\ y)=f_X(x)f_Y(y).\qquad(3.6.5)$$

证明　设(3.6.1)式成立，即 X 与 Y 独立．将等式(3.6.1)在 $f(x，y)$的连续点$(x，y)$处关于 x 和 y 分别求导数，由二维分布函数与密度函数的关系及一维分布函数与密度函数的关系，即得(3.6.5)式．反之，若(3.6.5)式在 $f(x,y)$的连续点$(x，y)$处均成立，则对该等式两边求积分，得

$$F(x,\ y)=\int_{-\infty}^{x}\int_{-\infty}^{y}f(s,\ t)\mathrm{d}s\mathrm{d}t=\int_{-\infty}^{x}\int_{-\infty}^{y}f_X(s)f_Y(t)\mathrm{d}s\mathrm{d}t$$

$$=\int_{-\infty}^{x}f_X(s)\mathrm{d}s\int_{-\infty}^{x}f_Y(t)\mathrm{d}t=F_X(x)F_Y(y),$$

即(3.6.1)式成立，因此 X 与 Y 独立．证毕．

(3.6.5)式是判断二维连续型随机变量$(X，Y)$的分量 X 与 Y 是否独立的基本方法，即当 $f(x，y)=f_X(x)f_Y(y)$ 在 $f(x，y)$的连续点处均成立时，则可判断 X 与 Y 独立．否则，若该等式不成立，则可判断 X 与 Y 不独立．

例 3.6.1　考察例 3.2.2(即吸烟与得肺癌关系的研究)中随机变量的独立性．

解　由例 3.4.2，$P\{X=0\}=0.2$，$P\{Y=0\}=0.00017$，而 $P\{X=0，Y=0\}=0.00013$，显然 $P\{X=0，Y=0\}\neq P\{X=0\}P\{Y=0\}$，因此 X 与 Y 不独立．

例 3.6.2　设随机变量 X 与 Y 相互独立，下表列出了二维随机变量$(X，Y)$联合分布律及关于 X 和关于 Y 的边缘分布律中的部分数值，试将其余数值填

入表中的空白处.

Y X	y_1	y_2	y_3	$P\{X=x_i\}=p_i.$
x_1		1/8		
x_2	1/8			
$P\{Y=y_j\}=p._j$	1/6			1

解 首先由 $P\{Y=y_1\}=P\{X=x_1,Y=y_1\}+P\{X=x_2,Y=y_1\}$，得
$P\{X=x_1,Y=y_1\}=P\{Y=y_1\}-P\{X=x_2,Y=y_1\}=1/6-1/8=1/24.$

又由于 X 与 Y 相互独立，可知有
$$P\{X=x_1\}P\{Y=y_1\}=P\{X=x_1,Y=y_1\},$$

所以 $$P\{X=x_1\}=\frac{P\{X=x_1,Y=y_1\}}{P\{Y=y_1\}}=\frac{1/24}{1/6}=\frac{1}{4}.$$

其他数值可类似地求出，例如
$$P\{X=x_1,Y=y_3\}=\frac{1}{4}-\frac{1}{24}-\frac{1}{8}=\frac{1}{12},$$

$$P\{X=x_2\}=1-\frac{1}{4}=\frac{3}{4},\quad P\{Y=y_2\}=\frac{1/8}{1/4}=\frac{1}{2}.$$

将所有数值填入表中空白处后得到下表.

Y X	y_1	y_2	y_3	$P\{X=x_i\}=p_i.$
x_1	1/24	1/8	1/12	1/4
x_2	1/8	3/8	1/4	3/4
$P\{Y=y_j\}=p._j$	1/6	1/2	1/3	1

例 3.6.3 设 X 与 Y 相互独立，它们的密度函数分别为

$$f_X(x)=\begin{cases} \mathrm{e}^{-x}, & x>0, \\ 0, & x\leqslant0; \end{cases} \quad f_Y(y)=\begin{cases} \mathrm{e}^{-y}, & y>0, \\ 0, & y\leqslant0, \end{cases}$$

求二维随机变量 (X,Y) 的联合密度函数.

解 由 (3.6.5) 式，得 (X,Y) 的联合密度为

$$f(x,y)=f_X(x)f_Y(y)=\begin{cases} \mathrm{e}^{-(x+y)}, & x>0,\ y>0, \\ 0, & \text{其他}. \end{cases}$$

例 3.6.4 设 (X, Y) 的联合密度函数为

(1) $f(x, y) = \begin{cases} x e^{-(x+y)}, & x > 0, \ y > 0, \\ 0, & \text{其他}; \end{cases}$

(2) $f(x, y) = \begin{cases} 2, & 0 < x < y, \ 0 < y < 1, \\ 0, & \text{其他}, \end{cases}$

问 X 与 Y 是否独立?

解 (1) 由于

$$f_X(x) = \int_{-\infty}^{+\infty} f(x, y) \mathrm{d}y = \begin{cases} \int_0^{+\infty} x e^{-(x+y)} \mathrm{d}y, & x > 0, \\ 0, & x \leqslant 0 \end{cases} = \begin{cases} x e^{-x}, & x > 0, \\ 0, & x \leqslant 0, \end{cases}$$

$$f_Y(x) = \int_{-\infty}^{+\infty} f(x, y) \mathrm{d}x = \begin{cases} \int_0^{+\infty} x e^{-(x+y)} \mathrm{d}x, & y > 0, \\ 0, & y \leqslant 0 \end{cases} = \begin{cases} e^{-y}, & y > 0, \\ 0, & y \leqslant 0, \end{cases}$$

可知 $f(x, y) = f_X(x) f_Y(y)$, 故 X 与 Y 独立.

(2) 由于

$$f_X(x) = \int_{-\infty}^{+\infty} f(x, y) \mathrm{d}y = \begin{cases} \int_x^1 2 \mathrm{d}y, & 0 < x < 1, \\ 0, & \text{其他} \end{cases} = \begin{cases} 2(1-x), & 0 < x < 1, \\ 0, & \text{其他}, \end{cases}$$

$$f_Y(x) = \int_{-\infty}^{+\infty} f(x, y) \mathrm{d}x = \begin{cases} \int_0^y 2 \mathrm{d}x, & 0 < y < 1, \\ 0, & \text{其他} \end{cases} = \begin{cases} 2y, & 0 < y < 1, \\ 0, & \text{其他}, \end{cases}$$

可知 $f(x, y) \neq f_X(x) f_Y(y)$, 故 X 与 Y 不独立.

3.7　二维随机变量函数的分布

在第 2 章中我们讨论了一维随机变量函数的分布, 现在我们讨论二维随机变量函数的分布. 对于二维随机变量 (X, Y), 其两个分量 X 和 Y 的函数 $Z = g(X, Y)$ 是一个一维随机变量, 我们希望通过 (X, Y) 的分布求 Z 的分布.

3.7.1　离散型随机变量函数的分布

设 (X, Y) 是二维离散型随机变量, 其分布律为

$$P\{X = x_i, \ Y = y_i\} = p_{ij}, \quad i, j = 1, 2, \cdots,$$

则 $Z = g(X, Y)$ 是一维离散型随机变量, 它的分布律为

$$P\{Z = g(x_i, \ y_j)\} = p_{ij}, \quad i, j = 1, 2, \cdots. \quad (3.7.1)$$

若对于不同的 $(x_i, \ y_j)$, $g(x, \ y)$ 有相同的值, 则 Z 取这些相同值的概率

必须合并. 当 Z 的可能取值不多时, 为了求它的分布律, 可以将 (X, Y) 的取值列成一行, 其相应概率列成另一行, 然后将 $g(X, Y)$ 的值列成一行, 即可根据相应的概率求出 Z 的分布律.

例 3.7.1 已知 (X, Y) 的分布律为

X \ Y	-1	1	2
-1	$\dfrac{5}{20}$	$\dfrac{2}{20}$	$\dfrac{6}{20}$
2	$\dfrac{3}{20}$	$\dfrac{3}{20}$	$\dfrac{1}{20}$

求: (1)$Z=2X-Y$ 的分布律; (2)$Z=X+Y$ 的分布律.

解 首先由(3.7.1)式, 可得下表, 并由此得到有关函数 Z 的分布律为

$2X-Y$	-1	-3	-4	5	3	2
$X+Y$	-2	0	1	1	3	4
(X, Y)	$(-1, -1)$	$(-1, 1)$	$(-1, 2)$	$(2, -1)$	$(2, 1)$	$(2, 2)$
p_{ij}	$\dfrac{5}{20}$	$\dfrac{2}{20}$	$\dfrac{6}{20}$	$\dfrac{3}{20}$	$\dfrac{3}{20}$	$\dfrac{1}{20}$

(1) $Z=2X-Y$ 的分布律为

$2X-Y$	-4	-3	-1	2	3	5
p_i	$\dfrac{6}{20}$	$\dfrac{2}{20}$	$\dfrac{5}{20}$	$\dfrac{1}{20}$	$\dfrac{3}{20}$	$\dfrac{3}{20}$

(2) $Z=X+Y$ 的分布律为

$X+Y$	-2	0	1	3	4
p_i	$\dfrac{5}{20}$	$\dfrac{2}{20}$	$\dfrac{9}{20}$	$\dfrac{3}{20}$	$\dfrac{1}{20}$

例 3.7.2 设 X 与 Y 独立, 它们分布律分别为

$$P\{X=k\}=p(k), \quad k=0, 1, 2, \cdots,$$
$$P\{Y=r\}=q(r), \quad r=0, 1, 2, \cdots,$$

试求 $Z=X+Y$ 的分布律.

解 由基本事件的互斥性和 X 与 Y 的独立性得

$$P\{Z=i\}=P\{X+Y=i\}$$
$$=P\{\{X=0,\ Y=i\}\bigcup\{X=1,\ Y=i-1\}\bigcup\cdots\bigcup\{X=i,\ Y=0\}\}$$
$$=P\{X=0,\ Y=i\}+P\{X=1,\ Y=i-1\}+\cdots+P\{X=i,\ Y=0\}$$
$$=\sum_{k=0}^{i}P\{X=k,Y=i-k\}$$
$$=\sum_{k=0}^{i}P\{X=k\}P\{Y=i-k\}$$
$$=\sum_{k=0}^{i}p(k)q(i-k),\ i=0,\ 1,\ 2,\ \cdots,$$

即 $Z=X+Y$ 的分布律为

$$P\{Z=i\}=\sum_{k=0}^{i}p(k)q(i-k),\ i=0,\ 1,\ 2,\ \cdots,\quad(3.7.2)$$

(3.7.2)式称为离散卷积公式.

例 3.7.3　设 X 与 Y 独立，它们分别服从参数为 λ_1 和 λ_2 的泊松分布，即 $X\sim P(\lambda_1)$ 和 $Y\sim P(\lambda_2)$，证明 $Z=X+Y$ 服从参数为 $\lambda=\lambda_1+\lambda_2$ 的泊松分布.

证　X 和 Y 的分布律分别为

$$P\{X=k\}=\frac{\lambda_1^{k}}{k!}\mathrm{e}^{-\lambda_1},\ k=0,\ 1,\ 2,\ \cdots;$$

$$P\{Y=r\}=\frac{\lambda_2^{r}}{r!}\mathrm{e}^{-\lambda_2},\ r=0,\ 1,\ 2,\ \cdots.$$

利用离散卷积公式(3.7.2)式得到

$$P\{Z=i\}=P\{X+Y=i\}=\sum_{k=0}^{i}\frac{\lambda_1^{k}}{k!}\mathrm{e}^{-\lambda_1}\cdot\frac{\lambda_2^{i-k}}{(i-k)!}\mathrm{e}^{-\lambda_2}$$

$$=\frac{1}{i!}\mathrm{e}^{-(\lambda_1+\lambda_2)}\sum_{k=0}^{i}\frac{i!\lambda_1^{k}\lambda_2^{i-k}}{k!(i-k)!}$$

$$=\frac{1}{i!}\mathrm{e}^{-(\lambda_1+\lambda_2)}\sum_{k=0}^{i}C_i^{k}\lambda_1^{k}\lambda_2^{i-k}$$

$$=\frac{(\lambda_1+\lambda_2)^{i}}{i!}\mathrm{e}^{-(\lambda_1+\lambda_2)},\ i=0,\ 1,\ 2,\ \cdots,$$

所以 $Z\sim P(\lambda_1+\lambda_2)$. 证毕.

3.7.2　连续型随机变量函数的分布

设 (X,Y) 是二维连续型随机变量，其联合密度函数为 $f(x,y)$. 若 $Z=g(X,Y)$ 是一个连续函数，则一般来说它也是一个连续型随机变量，我们希望

求它的密度函数 $f_Z(z)$. 可用类似于求一维随机变量函数分布的方法求 $f_Z(z)$.
基本步骤如下：

（a）求分布函数 $F_Z(z)$,

$$F_Z(z)=P\{Z\leqslant z\}=P\{g(X,Y)\leqslant z\}=P\{(X,Y)\in D_Z\}=\iint\limits_{D_Z}f(x,y)\,\mathrm{d}x\mathrm{d}y,$$

其中，$D_Z=\{(x,y)\mid g(x,y)\leqslant z\}$.

（b）求 Z 的密度函数 $f_Z(z)=\dfrac{\mathrm{d}F_Z(z)}{\mathrm{d}z}$.

下面我们讨论两种特殊函数的分布.

1. $Z=X+Y$ 的分布

$Z=X+Y$ 的分布函数为 $F_Z(z)=P\{X+Y\leqslant z\}=$
$P\{(X,Y)\in D\}$，其中 D 可由图 3.7.1 中阴影部
分区域直观表示. 由二维连续型随机变量的性
质，有

$$\begin{aligned}
F_Z(z) &= P\{X+Y\leqslant z\}\\
&=\iint\limits_{D}f(x,y)\mathrm{d}x\mathrm{d}y\\
&=\iint\limits_{x+y\leqslant z}f(x,y)\mathrm{d}x\mathrm{d}y\\
&=\int_{-\infty}^{+\infty}\Big[\int_{-\infty}^{z-x}f(x,y)\mathrm{d}y\Big]\mathrm{d}x.
\end{aligned}$$

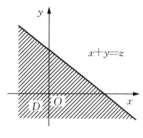

图 3.7.1

在积分 $\displaystyle\int_{-\infty}^{z-x}f(x,y)\mathrm{d}y$ 中，作变量代换，令 $u=y+x$，得

$$\int_{-\infty}^{z-x}f(x,y)\mathrm{d}y=\int_{-\infty}^{z}f(x,u-x)\mathrm{d}u.$$

于是 $F_Z(z)=\displaystyle\int_{-\infty}^{+\infty}\Big[\int_{-\infty}^{z}f(x,u-x)\mathrm{d}u\Big]\mathrm{d}x=\int_{-\infty}^{z}\Big[\int_{-\infty}^{+\infty}f(x,u-x)\mathrm{d}x\Big]\mathrm{d}u,$

上式关于 z 求导数，或由分布函数与密度函数的关系，即得 Z 的密度函数

$$f_Z(z)=\int_{-\infty}^{+\infty}f(x,z-x)\mathrm{d}x. \qquad (3.7.3)$$

由 X 和 Y 地位的对称性可知，Z 的密度函数也可以由下式给出

$$f_Z(z)=\int_{-\infty}^{+\infty}f(z-y,y)\mathrm{d}y. \qquad (3.7.4)$$

特别地，若 X 与 Y 独立，设 X 和 Y 的边缘密度函数分别为 $f_X(x)$ 和 $f_Y(y)$,
则（3.7.3）式和（3.7.4）式可分别写成

$$f_Z(z)=\int_{-\infty}^{+\infty}f_X(x)f_Y(z-x)\mathrm{d}x, \qquad (3.7.5)$$

$$f_Z(z)=\int_{-\infty}^{+\infty}f_X(z-y)f_Y(y)\mathrm{d}y,\qquad(3.7.6)$$

(3.7.5)式和(3.7.6)式称为连续卷积公式.

例3.7.4　设 X 与 Y 独立，且它们同服从标准正态分布 $N(0，1)$，求 $Z=X+Y$ 的密度函数.

解　X 和 Y 的密度函数分别为

$$f_X(x)=\frac{1}{\sqrt{2\pi}}\mathrm{e}^{-\frac{x^2}{2}},\qquad f_Y(y)=\frac{1}{\sqrt{2\pi}}\mathrm{e}^{-\frac{y^2}{2}}.$$

由 X 与 Y 的独立性，应用(3.7.5)式得 $Z=X+Y$ 的密度函数

$$f_Z(z)=\int_{-\infty}^{+\infty}f_X(x)f_Y(z-x)\mathrm{d}x$$
$$=\int_{-\infty}^{+\infty}\frac{1}{\sqrt{2\pi}}\mathrm{e}^{-\frac{x^2}{2}}\frac{1}{\sqrt{2\pi}}\mathrm{e}^{-\frac{(z-x)^2}{2}}\mathrm{d}x$$
$$=\frac{1}{2\pi}\int_{-\infty}^{+\infty}\mathrm{e}^{-\frac{x^2+(z-x)^2}{2}}\mathrm{d}x.$$

因为
$$\frac{x^2+(z-x)^2}{2}=\frac{z^2}{4}+\left(x-\frac{z}{2}\right)^2,$$

于是
$$f_Z(z)=\frac{1}{2\pi}\mathrm{e}^{-\frac{z^2}{4}}\int_{-\infty}^{+\infty}\mathrm{e}^{-(x-\frac{z}{2})^2}\mathrm{d}x$$
$$=\frac{\frac{1}{\sqrt{2}}}{\sqrt{2\pi}}\mathrm{e}^{-\frac{z^2}{4}}\int_{-\infty}^{+\infty}\frac{\sqrt{2}}{\sqrt{2\pi}}\mathrm{e}^{-(x-\frac{z}{2})^2}\mathrm{d}x$$
$$=\frac{1}{\sqrt{2\pi}\sqrt{2}}\mathrm{e}^{-\frac{z^2}{4}},$$

其中第2个等号后面的积分值等于1，因为被积函数是正态分布 $N\left(\frac{z}{2},\frac{1}{2}\right)$ 的密度函数，最后得到的函数恰为正态分布 $N(0，2)$ 的密度函数，即 $Z=X+Y\sim N(0，2)$.

一般地，若 X 和 Y 相互独立，且 $X\sim N(\mu_1,\sigma_1^2)$，$Y\sim N(\mu_2,\sigma_2^2)$，可以证明，$Z=X+Y$ 服从正态分布 $N(\mu_1+\mu_2,\sigma_1^2+\sigma_2^2)$. 事实上，可以证明，两个正态随机变量的线性组合仍然服从正态分布.

例3.7.5　设某种商品一周的需求量 X 是一个连续型随机变量，其密度函数为

$$f(x)=\begin{cases}x\mathrm{e}^{-x}, & x>0,\\0, & x\leqslant0,\end{cases}$$

如果各周的需求量之间相互独立，求两周需求量的密度函数.

解　分别用 X 和 Y 表示第一、二周的需求量，则它们相互独立，其密度函数分别为

$$f_X(x) = \begin{cases} x\mathrm{e}^{-x}, & x>0, \\ 0, & x\leqslant 0; \end{cases}$$

$$f_Y(y) = \begin{cases} y\mathrm{e}^{-y}, & y>0, \\ 0, & y\leqslant 0. \end{cases}$$

两周需求量为 $Z=X+Y$，由(3.7.5)式，其密度函数

$$f_Z(z) = \int_{-\infty}^{+\infty} f_X(x)\,f_Y(z-x)\mathrm{d}x.$$

当 $z\leqslant 0$ 时，若 $x>0$，则 $z-x<0$，$f_Y(z-x)=0$；若 $x\leqslant 0$，则 $f_X(x)=0$，从而 $f_Z(z)=0$. 当 $z>0$ 时，若 $x\leqslant 0$，则 $f_X(x)=0$；若 $x>0$ 且 $z-x\leqslant 0$，即 $z\leqslant x$，则 $f_Y(z-x)=0$，因此只有当 $0<x<z$ 时被积函数才可能非零，即有

$$f_Z(z) = \int_{-\infty}^{+\infty} f_X(x)f_Y(z-x)\mathrm{d}x = \int_0^z x\mathrm{e}^{-x}(z-x)\mathrm{e}^{-(z-x)}\mathrm{d}x = \frac{z^3}{6}\mathrm{e}^{-z},$$

从而

$$f_Z(z) = \begin{cases} \dfrac{z^3}{6}\mathrm{e}^{-z}, & z>0, \\[2mm] 0, & z\leqslant 0. \end{cases}$$

2. $Z=\max\{X,\ Y\}$ 和 $Z=\min\{X,\ Y\}$ 的分布

设 X 与 Y 独立，其分布函数分别为 $F_X(x)$ 和 $F_Y(y)$，$Z=\max\{X,\ Y\}$ 的分布函数为 $F_{\max}(z)$. 显然 $Z\leqslant z$ 等价于 $X\leqslant z$ 且 $Y\leqslant z$，因此，

$$P\{Z\leqslant z\}=P\{X\leqslant z,\ Y\leqslant z\}=P\{X\leqslant z\}P\{Y\leqslant z\}=F_X(z)F_Y(z),$$

即

$$F_{\max}(z)=F_X(z)F_Y(z). \tag{3.7.7}$$

对于 $Z=\min\{X,\ Y\}$，其分布函数为

$$F_{\min}(z)=P\{Z\leqslant z\}=1-P\{Z>z\},$$

而 $Z>z$ 等价于 $X>z$ 且 $Y>z$，于是

$$\begin{aligned} P\{Z>z\} &= P\{X>z,\ Y>z\}=P\{X>z\}P\{Y>z\} \\ &= [1-P\{X\leqslant z\}][1-P\{Y\leqslant z\}] \\ &= [1-F_X(z)][1-F_Y(z)], \end{aligned}$$

从而

$$F_{\min}(z)=1-[1-F_X(z)]\,[1-F_Y(z)]. \tag{3.7.8}$$

例 3.7.6　设系统 L 由两个相互独立的子系统 L_1，L_2 联接而成，联接的方式有串联、并联和备用(当系统 L_1 损坏时，系统 L_2 开始工作)三种，如图 3.7.2 所示．设 L_1 和 L_2 的寿命分别为 X 和 Y，它们的密度函数为

$$f_X(x) = \begin{cases} \alpha\mathrm{e}^{-\alpha x}, & x>0, \\ 0, & x\leqslant 0, \end{cases} \qquad f_Y(y) = \begin{cases} \beta\mathrm{e}^{-\beta y}, & y>0, \\ 0, & y\leqslant 0, \end{cases}$$

其中 $\alpha>0$，$\beta>0$ 且 $\alpha\neq\beta$. 请就这三种联接方式分别写出系统 L 的寿命 Z 的密度函数.

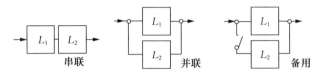

图 3.7.2　三种联结方式

解　易得 X，Y 的分布函数

$$F_X(x)=\begin{cases}1-\mathrm{e}^{-\alpha x}, & x>0,\\ 0, & x\leqslant0,\end{cases}\qquad F_Y(y)=\begin{cases}1-\mathrm{e}^{-\beta y}, & y>0,\\ 0, & y\leqslant0.\end{cases}$$

（1）串联时，$Z=\min\{X,Y\}$，其分布函数为

$$F_{\min}(z)=1-[1-F_X(z)][1-F_Y(z)]=\begin{cases}1-\mathrm{e}^{-(\alpha+\beta)z}, & z>0,\\ 0, & z\leqslant0,\end{cases}$$

其密度函数为

$$f_{\min}(z)=\frac{\mathrm{d}F_{\min}(z)}{\mathrm{d}z}=\begin{cases}(\alpha+\beta)\mathrm{e}^{-(\alpha+\beta)z}, & z>0,\\ 0, & z\leqslant0.\end{cases}$$

（2）并联时，$Z=\max\{X,Y\}$，其分布函数为

$$F_{\max}(z)=F_X(z)F_Y(z)=\begin{cases}(1-\mathrm{e}^{-\alpha z})(1-\mathrm{e}^{-\beta z}), & z>0,\\ 0, & z\leqslant0,\end{cases}$$

其密度函数为

$$f_{\max}(z)=\begin{cases}\alpha\mathrm{e}^{-\alpha z}+\beta\mathrm{e}^{-\beta z}-(\alpha+\beta)\mathrm{e}^{-(\alpha+\beta)z}, & z>0,\\ 0, & z\leqslant0.\end{cases}$$

（3）备用时，$Z=X+Y$，由(3.7.5)式知，当 $z\leqslant0$ 时，$f_Z(z)=0$；当 $z>0$ 时，

$$f_Z(z)=\int_0^z\alpha\mathrm{e}^{-\alpha x}\beta\mathrm{e}^{-\beta(z-x)}\mathrm{d}x=\frac{\alpha\beta}{\alpha-\beta}(\mathrm{e}^{-\beta z}-\mathrm{e}^{-\alpha z}),$$

从而

$$f_Z(z)=\begin{cases}\dfrac{\alpha\beta}{\alpha-\beta}(\mathrm{e}^{-\beta z}-\mathrm{e}^{-\alpha z}), & z>0,\\ 0, & z\leqslant0.\end{cases}$$

下面定理一般地给出两个二维连续型随机变量函数的联合密度函数公式，它在求连续随机变量函数的密度函数时非常有用.

定理 3.7.1　设 (X_1,X_2) 是密度函数为 $f_X(x_1,x_2)$ 的二维连续型随机变量，$Y_1=g_1(X_1,X_2)$，$Y_2=g_2(X_1,X_2)$ 是 (X_1,X_2) 的两个函数. 如果函数

$$\begin{cases} y_1 = g_1(x_1, \ x_2), \\ y_2 = g_2(x_1, \ x_2) \end{cases}$$

满足下列条件:

(1) 存在唯一的反函数

$$\begin{cases} x_1 = h_1(y_1, \ y_2), \\ x_2 = h_2(y_1, \ y_2); \end{cases}$$

(2) 上述变换和它的逆变换都连续;

(3) 偏导数 $\dfrac{\partial h_i}{\partial y_j}(i, \ j = 1, \ 2)$ 存在且连续;

(4) 逆变换的雅可比行列式

$$J = J(y_1, \ y_2) = \begin{vmatrix} \dfrac{\partial h_1}{\partial y_1} & \dfrac{\partial h_1}{\partial y_2} \\ \dfrac{\partial h_2}{\partial y_1} & \dfrac{\partial h_2}{\partial y_2} \end{vmatrix} \neq 0,$$

则 $(Y_1, \ Y_2)$ 具有联合密度函数

$$f_Y(y_1, \ y_2) = |J| f_X[h_1(y_1, \ y_2), \ h_2(y_1, \ y_2)]. \quad (3.7.9)$$

例 3.7.7　设 X_1, X_2 相互独立,同服从参数为 $\lambda > 0$ 的指数分布,密度函数为

$$f(x) = \begin{cases} \lambda e^{-\lambda x}, & x > 0, \\ 0, & x \leqslant 0, \end{cases}$$

求 $Y_1 = X_1 + X_2$ 与 $Y_2 = \dfrac{X_1}{X_1 + X_2}$ 的联合密度函数 $f_Y(y_1, \ y_2)$,并求 Y_1 的密度函数 $f_{Y_1}(y_1)$ 和 Y_2 的密度函数 $f_{Y_2}(y_2)$.

解　由独立性可知 $(X_1, \ X_2)$ 的联合密度函数为

$$f_X(x_1, \ x_2) = f(x_1) f(x_2) = \begin{cases} \lambda^2 e^{-\lambda(x_1 + x_2)}, & x_1 > 0, \ x_2 > 0, \\ 0, & \text{其他}. \end{cases}$$

由方程组 $\begin{cases} y_1 = x_1 + x_2, \\ y_2 = x_1/(x_1 + x_2), \end{cases}$ 解得 $\begin{cases} x_1 = y_1 y_2, \\ x_2 = y_1 - y_1 y_2, \end{cases}$ 该逆变换的雅可比行列式为

$$J = \begin{vmatrix} y_2 & y_1 \\ 1 - y_2 & -y_1 \end{vmatrix} = -y_1.$$

由 (3.7.9) 式得 $(Y_1, \ Y_2)$ 的联合密度函数

$$\begin{aligned} f_Y(y_1, \ y_2) &= \begin{cases} \lambda^2 e^{-\lambda y_1} |y_1|, & y_1 y_2 > 0, \ y_1 - y_1 y_2 > 0, \\ 0, & \text{其他} \end{cases} \\ &= \begin{cases} \lambda^2 y_1 e^{-\lambda y_1}, & y_1 > 0, \ 0 < y_2 < 1, \\ 0, & \text{其他}. \end{cases} \end{aligned}$$

Y_1 和 Y_2 的边缘密度函数分别为

$$f_{Y_1}(y_1) = \int_{-\infty}^{+\infty} f_Y(y_1, y_2)\,\mathrm{d}y_2 = \begin{cases} \int_0^1 \lambda^2 y_1 \mathrm{e}^{-\lambda y_1}\,\mathrm{d}y_2, & y_1 > 0, \\ 0, & y_1 \leqslant 0 \end{cases}$$

$$= \begin{cases} \lambda^2 y_1 \mathrm{e}^{-\lambda y_1}, & y_1 > 0, \\ 0, & y_1 \leqslant 0, \end{cases}$$

$$f_{Y_2}(y_2) = \int_{-\infty}^{+\infty} f_Y(y_1, y_2)\,\mathrm{d}y_1 = \begin{cases} \int_0^{+\infty} \lambda^2 y_1 \mathrm{e}^{-\lambda y_1}\,\mathrm{d}y_1, & 0 < y_2 < 1, \\ 0, & 其他 \end{cases}$$

$$= \begin{cases} 1, & 0 < y_2 < 1, \\ 0, & 其他. \end{cases}$$

由于 $f_Y(y_1, y_2) = f_{Y_1}(y_1) f_{Y_2}(y_2)$，可知 Y_1 与 Y_2 独立. 由 Y_2 的密度函数可知，它服从 $(0, 1)$ 区间内的均匀分布，即 $Y_2 \sim U(0, 1)$.

习　题　3

1. 设二维随机变量 (X, Y) 的分布函数为

$$F(x, y) = \begin{cases} 1 - 2^{-x} - 2^{-y} + 2^{-x-y}, & x \geqslant 0,\ y \geqslant 0, \\ 0, & 其他, \end{cases}$$

求概率 $P\{1 < X \leqslant 2,\ 3 < Y \leqslant 5\}$.

2. 袋中有 5 只球(2 只白球，3 只红球)，现进行有放回与无放回抽球两次，每次抽一只，定义随机变量

$$X = \begin{cases} 0, & 第一次抽到红球, \\ 1, & 第一次抽到白球, \end{cases}$$

$$Y = \begin{cases} 0, & 第二次抽到红球, \\ 1, & 第二次抽到白球, \end{cases}$$

试就有放回和无放回摸球情况分别求 (X, Y) 的联合分布律.

3. 求习题 2 中的 (X, Y) 的边缘分布律，并就所得结果讨论联合分布律与边缘分布律的关系.

4. 设二维随机变量 (X, Y) 只能取 $(-1, 0)$，$(0, 0)$ 和 $(0, 1)$ 三对数，且取这些数的概率分别是 $\dfrac{1}{2}$，$\dfrac{1}{3}$ 和 $\dfrac{1}{6}$.

(1) 写出 (X, Y) 的联合分布律;

(2) 求联合分布函数 $F(x, y)$.

5. 设 X 与 Y 独立，它们的分布律分别由下表给出，求 (X, Y) 的联合分布律.

X	-2	-1	0	$\frac{1}{2}$
$p_i.$	$\frac{1}{4}$	$\frac{1}{3}$	$\frac{1}{12}$	$\frac{1}{3}$

Y	$-\frac{1}{2}$	1	3
$p._j$	$\frac{1}{2}$	$\frac{1}{4}$	$\frac{1}{4}$

6. 设二维随机变量 (X, Y) 等可能地取下列值：$(1, 1)$，$(1, 3)$，$(2, 2)$，$(2, 4)$，$(3, 1)$，$(4, 2)$，试求：

(1) 在 $Y=4$ 条件下，X 的条件分布律；

(2) 在 $X=2$ 条件下，Y 的条件分布律.

7. 设二维随机变量 (X, Y) 的密度函数为

$$f(x, y)=\begin{cases} a(6-x-y), & 0\leqslant x\leqslant 1, 0\leqslant y\leqslant 2, \\ 0, & 其他, \end{cases}$$

(1) 确定常数 a；

(2) 求概率 $P\{X\leqslant 0.5, Y\leqslant 1.5\}$；

(3) 求概率 $P\{(X, Y)\in D\}$，这里 D 是由 $x=0$，$y=0$ 和 $x+y=1$ 这 3 条直线所围成的三角形区域.

8. 设二维随机变量 (X, Y) 的密度函数为

$$f(x, y)=\begin{cases} 2e^{-(2x+y)}, & x>0, y>0, \\ 0, & 其他, \end{cases}$$

(1) 求分布函数 $F(x, y)$；

(2) 求概率 $P\{Y\leqslant X\}$.

9. 向一个无限平面靶射击，设命中点 (X, Y) 的密度函数为

$$f(x, y)=\frac{1}{\pi(1+x^2+y^2)^2}, \quad -\infty<x, y<+\infty,$$

求命中点与靶心（坐标原点）的距离不超过 a 的概率.

10. 设二维随机变量 (X, Y) 在区域 B 上服从均匀分布，B 是由 x 轴，y 轴及直线 $y=2x+1$ 所围成的三角形区域，试求：

(1) (X, Y) 的密度函数 $f(x, y)$；

(2) (X, Y) 的分布函数 $F(x, y)$.

11. 分别求习题 10 中随机变量 X 和 Y 的边缘密度函数，并求条件概率 $P\left\{-\frac{1}{4}<X\leqslant 0 \middle| \frac{1}{2}<Y\leqslant 1\right\}$.

12. 设二维随机变量(X, Y)的密度函数为

$$f(x, y)=\begin{cases} \dfrac{3}{2}xy^2, & 0\leqslant x\leqslant 2,\ 0\leqslant y\leqslant 1, \\ 0, & \text{其他}, \end{cases}$$

求边缘密度函数$f_X(x)$和$f_Y(y)$.

13. 设二维随机变量(X, Y)的密度函数为

$$f(x, y)=\begin{cases} 4.8y(2-x), & 0\leqslant x\leqslant 1,\ 0\leqslant y\leqslant x, \\ 0, & \text{其他}, \end{cases}$$

求边缘密度函数$f_X(x)$和$f_Y(y)$.

14. 设二维随机变量(X, Y)在区域D上服从均匀分布,试求当$X=x(0\leqslant x<1)$时,Y的条件分布密度函数.其中D是由x轴,y轴及直线$y=2(1-x)$所围成的区域.

15. 设二维随机变量(X, Y)的密度函数为

$$f(x, y)=\begin{cases} x^2+\dfrac{xy}{3}, & 0\leqslant x\leqslant 1,\ 0\leqslant y\leqslant 2, \\ 0, & \text{其他}, \end{cases}$$

求条件密度函数$f_{X|Y}(x|y)$和$f_{Y|X}(y|x)$及概率$P\left\{Y<\dfrac{1}{2}\,\Big|\,X=\dfrac{1}{2}\right\}$.

16. 判断前面第3题中随机变量X与Y的独立性.

17. 二维随机变量(X, Y)的分布律由下表给出:

Y\X	1	2	3
1	$\dfrac{1}{6}$	$\dfrac{1}{9}$	$\dfrac{1}{18}$
2	$\dfrac{1}{3}$	a	b

问当a, b取何值时,X与Y独立?

18. 判断12题和13题中随机变量X与Y的独立性.

19. 设随机变量X与Y独立,它们均服从$[-1, 1]$上的均匀分布,求二次方程$t^2+Xt+Y=0$有实根的概率.

20. 设二维随机变量(X, Y)的密度函数为

$$f(x, y)=\begin{cases} \dfrac{x\mathrm{e}^{-x}}{(1+y)^2}, & x>0,\ y>0, \\ 0, & \text{其他}, \end{cases}$$

讨论X与Y的独立性.

21. 设二维随机变量 (X, Y) 的分布函数为

$$F(x, y) = \begin{cases} 1 - e^{-x} - e^{-y} + e^{-(x+y)}, & x \geq 0, \ y \geq 0, \\ 0, & 其他, \end{cases}$$

讨论 X 与 Y 的独立性.

22. 设 X 与 Y 独立,它们的密度函数分别为

$$f_X(x) = \begin{cases} 1, & 0 \leq x \leq 1, \\ 0, & 其他, \end{cases} \qquad f_Y(y) = \begin{cases} e^{-y}, & y > 0, \\ 0, & y \leq 0, \end{cases}$$

求 $Z = X + Y$ 的密度函数.

23. 设二维随机变量 (X, Y) 的密度函数为

$$f(x, y) = \frac{1}{2\pi\sigma^2} e^{-\frac{x^2+y^2}{2\sigma^2}}, \quad -\infty < x < +\infty, \ -\infty < y < +\infty,$$

求 $Z = X^2 + Y^2$ 的密度函数.

24. 设二维随机变量 (X, Y) 的密度函数为

$$f(x, y) = \begin{cases} e^{-(x+y)}, & x > 0, \ y > 0, \\ 0, & 其他, \end{cases}$$

求 $Z = \dfrac{X+Y}{2}$ 的密度函数.

25. 在一个简单电路中,两个电阻 R_1 和 R_2 以串联方式联接. 设 R_1 和 R_2 相互独立同分布,其密度函数均为

$$f(x) = \begin{cases} \dfrac{10-x}{50}, & 0 \leq x \leq 10, \\ 0, & 其他, \end{cases}$$

求总电阻 $R = R_1 + R_2$ 的密度函数.

26. 设随机变量 $X \sim U[0, 1]$,$Y \sim U[0, 2]$,并设 X 与 Y 独立,求 $Z = \min\{X, Y\}$ 的密度函数.

第 4 章　随机变量的数字特征

前面两章分别讨论了一维和二维随机变量．我们知道，随机变量的分布是对随机变量概率性质的完整刻画，它描述了随机变量的统计规律性．然而，在实际应用中，有时不需要完全知道随机变量的分布，而只需知道它的某些特征就够了．另一方面，大部分重要分布可由这些特征完全确定．

描述随机变量平均值的特征和取值分散程度的特征是最重要的两个特征．例如，每个家庭的年收入是一个随机变量，人们常常关心的是一个地区的平均家庭年收入情况，平均收入越高，这个地区就越富裕．同时，若要考查这个地区的贫富分化程度，就要考虑各个家庭的年收入与平均家庭年收入的偏离程度，偏离程度越小，表明分化就越小．再例如，对一射手进行技术评定时，除了考察射击命中环数的平均值，还要了解命中点是比较集中还是比较分散；检验一批棉花的质量时，除了关心棉花纤维的平均长度，还要考虑纤维的长度与平均长度的偏离程度；等等．

这种由随机变量的分布所确定，能刻画随机变量某些方面特征的数量统称为随机变量的数字特征，它们在理论和应用上都有重要意义．描述随机变量平均值的数字特征称为数学期望，描述随机变量取值分散程度的数字特征称为方差．数学期望和方差是刻画随机变量性质的两个重要的数字特征．另外，对于两个随机变量之间相互关系的数字特征，由它们的协方差和相关系数来描述．

4.1　随机变量的数学期望

4.1.1　离散型随机变量的数学期望

定义 4.1.1　设 X 为离散型随机变量，其分布律为

$$P\{X=x_k\}=p_k, \quad k=1, 2, \cdots.$$

若级数 $\sum\limits_{i=1}^{+\infty} x_i p_i$ 绝对收敛，则称 $\sum\limits_{i=1}^{+\infty} x_i p_i$ 为 X 的数学期望（或均值），记为 $E(X)$，即 $E(X) = \sum\limits_{i=1}^{+\infty} x_i p_i.$

换言之，离散型随机变量 X 的数学期望就是 X 的所有可能取值的加权平

均，其中每一个取值的权重等于 X 取这个值的概率.

例 4.1.1　投掷一颗均匀的骰子，观察出现的点数，其结果是一个随机变量，记为 X，试求 $E(X)$.

解　X 的分布律为

$$P\{X=i\}=\frac{1}{6},\quad i=1,2,\cdots,6,$$

所以　　$E(X)=1\times\frac{1}{6}+2\times\frac{1}{6}+3\times\frac{1}{6}+4\times\frac{1}{6}+5\times\frac{1}{6}+6\times\frac{1}{6}=\frac{7}{2}.$

例 4.1.2　在某地区进行某种疾病普查，为此要检验每个人的血液. 如果当地有 N 个人，考虑用两种检验方法：(1)检验每个人的血液，这就需要检验 N 次.(2)先把受检验者分组，假设每个组有 k 个人，把这 k 个人的血液混合在一起检验. 若检验的结果为阴性，这说明 k 个人的血液都是阴性，因而这 k 个人只需检验一次就够了. 若结果呈阳性，为了明确 k 个人中究竟哪个人为阳性，就需要对这 k 个人逐一检验，此时这 k 个人的检验次数为 $k+1$ 次，检验的工作量反而增加. 假设每个人血液检验呈阳性的概率为 p，且试验是相互独立的. 试说明当 p 较小时，按第二种方法可以减少检验次数.

解　显然，若采用第二种方法，则 k 个人需要的检验次数可能是 1 次，也可能是 $k+1$ 次，由于各人的试验是相互独立的，并且每个人检验呈阳性的概率均为 p，呈阴性的概率为 $q=1-p$，因此 k 个人一组的混合血液为阴性的概率为 q^k，呈阳性的概率为 $1-q^k$.

令 X 表示 k 个人为一组时每人所需的平均检验次数，则 X 的分布律为

X	$\frac{1}{k}$	$\frac{k+1}{k}$
p_k	q^k	$1-q^k$

每个人所需检验次数的均值为

$$E(X)=\frac{1}{k}\times q^k+(1+\frac{1}{k})\times(1-q^k)=1-q^k+\frac{1}{k}.$$

按第一种方法每人应检验 1 次，所以当

$$1-q^k+\frac{1}{k}<1,\ \text{即}\ q^k=(1-p)^k>\frac{1}{k}$$

时，即当 p 较小时，用分组方法可减少检验次数.

下面讨论几个常见离散型随机变量的数学期望.

例 4.1.3　设 X 服从 0—1 分布，求 $E(X)$.

解　X 的分布律为

X	0	1
p_k	$1-p$	p

所以 $$E(X)=0\times(1-p)+1\times p=p.$$

例 4.1.4 设 $X\sim B(n,\ p)$，求 $E(X)$.

解 X 的分布律为

$$p_k=P\{X=k\}=C_n^k p^k q^{n-k},\ k=0,\ 1,\ 2,\ \cdots,\ n,$$

所以
$$E(X)=\sum_{k=0}^{n}kC_n^k p^k q^{n-k}=\sum_{k=1}^{n}kC_n^k p^k q^{n-k}$$
$$=np\sum_{k=1}^{n}C_{n-1}^{k-1}p^{k-1}q^{(n-1)-(k-1)}$$
$$=np\sum_{j=0}^{n-1}C_{n-1}^{j}p^{j}q^{(n-1)-j}$$
$$=np(p+q)^{n-1}=np.$$

例 4.1.5 设 $X\sim P(\lambda)$，求 $E(X)$.

解 X 的分布律为

$$P\{X=k\}=\frac{\lambda^k}{k!}e^{-\lambda},\ k=0,\ 1,\ 2,\ \cdots,$$

所以　$$E(X)=\sum_{k=0}^{+\infty}k\frac{\lambda^k}{k!}e^{-\lambda}=\lambda e^{-\lambda}\sum_{k=1}^{+\infty}\frac{\lambda^{k-1}}{(k-1)!}=\lambda e^{-\lambda}\sum_{j=0}^{+\infty}\frac{\lambda^j}{j!}=\lambda e^{-\lambda}\cdot e^{\lambda}=\lambda.$$

若 X 为离散型随机变量，其分布律已知，则 X 的函数 $g(X)$ 也是离散型随机变量，$g(X)$ 的分布律可由 X 的分布律计算得到，于是就可以根据数学期望的定义，求出 $E[g(X)]$.

例 4.1.6 设 X 的分布律为

X	-1	0	1
p_k	0.2	0.5	0.3

求 $E(X^2)$.

解 令 $Y=X^2$，则 Y 的分布律为

Y	0	1
p_k	0.5	0.5

所以 $$E(X^2)=E(Y)=0\times0.5+1\times0.5=0.5.$$

例 4.1.7　某商店对某种家用电器的销售采用先使用后付款的方式．记使用寿命为 X(以年计)，规定：$X \leqslant 1$ 时，一台付款 $1\,500$ 元，$1 < X \leqslant 2$ 时，一台付款 $2\,000$ 元，$2 < X \leqslant 3$ 时，一台付款 $2\,500$ 元，$X > 3$ 时，一台付款 $3\,000$ 元．

设寿命 X 服从指数分布，其密度函数为

$$f(x) = \begin{cases} \dfrac{1}{10}\mathrm{e}^{-x/10}, & x > 0, \\ 0, & x \leqslant 0, \end{cases}$$

试求该商店销售一台电器收费 Y 的数学期望．

解　先求出寿命 X 落在各个时间区间的概率，

$$P\{X \leqslant 1\} = \int_0^1 \frac{1}{10}\mathrm{e}^{-x/10}\mathrm{d}x = 1 - \mathrm{e}^{-0.1} = 0.0952,$$

$$P\{1 < X \leqslant 2\} = \int_1^2 \frac{1}{10}\mathrm{e}^{-x/10}\mathrm{d}x = \mathrm{e}^{-0.1} - \mathrm{e}^{-0.2} = 0.0861,$$

$$P\{2 < X \leqslant 3\} = \int_2^3 \frac{1}{10}\mathrm{e}^{-x/10}\mathrm{d}x = \mathrm{e}^{-0.2} - \mathrm{e}^{-0.3} = 0.0779,$$

$$P\{X > 3\} = \int_3^{+\infty} \frac{1}{10}\mathrm{e}^{-x/10}\mathrm{d}x = \mathrm{e}^{-0.3} = 0.7408.$$

因此 Y 的分布律为

Y	$1\,500$	$2\,000$	$2\,500$	$3\,000$
p_k	$0.095\,2$	$0.086\,1$	$0.077\,9$	$0.740\,8$

Y 的数学期望为 $E(Y) = 2732.15$．

尽管用上述方法可以求出 X 的函数 $g(X)$ 的数学期望，但有时计算会比较麻烦．下面两个定理给出求随机变量函数数学期望的常用方法．

定理 4.1.1　设 X 为离散型随机变量，其分布律为

$$P\{X = x_k\} = p_k, \quad k = 1, 2, \cdots.$$

对任一实值函数 $g(x)$，若级数 $\displaystyle\sum_{k=1}^{+\infty} g(x_k) p_k$ 绝对收敛，则有

$$E[g(X)] = \sum_{k=1}^{+\infty} g(x_k) p_k.$$

定理 4.1.2　设 (X, Y) 是离散型随机变量，其分布律为

$$P\{X = x_i, Y = y_j\} = p_{ij}, \quad i, j = 1, 2, \cdots.$$

若级数 $\sum\limits_{i=1}^{+\infty}\sum\limits_{j=1}^{+\infty}g(x_i,y_j)p_{ij}$ 绝对收敛,则有

$$E[g(X,Y)]=\sum_{i=1}^{+\infty}\sum_{j=1}^{+\infty}g(x_i,y_j)p_{ij}.$$

这两个定理的意义在于,计算 $Z=g(X)$ 或 $Z=g(X,Y)$ 的数学期望时,不需要计算 Z 的分布律,直接利用 X 或 (X,Y) 的已知分布律即可直接得到 Z 的数学期望.

例 4.1.8 设 (X,Y) 的分布律为

X Y	0	1	2	3
1	0	$\frac{3}{8}$	$\frac{3}{8}$	0
3	$\frac{1}{8}$	0	0	$\frac{1}{8}$

求 $E(Y^2)$, $E(XY)$.

解 由定理 4.1.2 得

$$E(Y^2)=1^2\times\left[0+\frac{3}{8}+\frac{3}{8}+0\right]+3^2\times\left[\frac{1}{8}+0+0+\frac{1}{8}\right]=3,$$

$$E(XY)=(1\times0)\times0+(1\times1)\times\frac{3}{8}+(1\times2)\times\frac{3}{8}+(1\times3)\times0+(3\times0)\times\frac{1}{8}+$$

$$(3\times1)\times0+(3\times2)\times0+(3\times3)\times\frac{1}{8}=\frac{9}{4}.$$

4.1.2 连续型随机变量的数学期望

定义 4.1.2 设 X 为连续型随机变量,其密度函数为 $f(x)$,若积分 $\int_{-\infty}^{+\infty}xf(x)\mathrm{d}x$ 绝对收敛,则称 $\int_{-\infty}^{+\infty}xf(x)\mathrm{d}x$ 为 X 的数学期望(或均值),记为 $E(X)$,即

$$E(X)=\int_{-\infty}^{+\infty}xf(x)\mathrm{d}x.$$

例 4.1.9 设 X 的密度函数为

$$f(x)=\begin{cases}2x, & 0<x<1,\\ 0, & 其他,\end{cases}$$

求 $E(X)$.

解　$E(X) = \int_{-\infty}^{+\infty} x f(x) \mathrm{d}x = \int_0^1 x \cdot 2x \mathrm{d}x = \dfrac{2}{3}$.

下面讨论几个常见连续型随机变量的数学期望.

例 4.1.10　设 $X \sim U(a, b)$，求 $E(X)$.

解　X 的密度函数为

$$f(x) = \begin{cases} \dfrac{1}{b-a}, & a < x < b, \\ 0, & \text{其他}, \end{cases}$$

所以　　　　$E(X) = \int_{-\infty}^{+\infty} x f(x) \mathrm{d}x = \int_a^b x \dfrac{1}{b-a} \mathrm{d}x = \dfrac{b+a}{2}$.

例 4.1.11　设 $X \sim E(\lambda)$，求 $E(X)$.

解　X 的密度函数为

$$f(x) = \begin{cases} \lambda \mathrm{e}^{-\lambda x}, & x > 0, \\ 0, & \text{其他}, \end{cases}$$

所以　　　　$E(X) = \int_{-\infty}^{+\infty} x f(x) \mathrm{d}x = \int_0^{+\infty} x \lambda \mathrm{e}^{-\lambda x} \mathrm{d}x$

$$= -x \mathrm{e}^{-\lambda x} \Big|_0^{+\infty} + \int_0^{+\infty} \mathrm{e}^{-\lambda x} \mathrm{d}x$$

$$= 0 - \dfrac{1}{\lambda} \mathrm{e}^{-\lambda x} \Big|_0^{+\infty} = \dfrac{1}{\lambda}.$$

例 4.1.12　设 $X \sim N(\mu, \sigma^2)$，求 $E(X)$.

解　X 的密度函数为

$$f(x) = \dfrac{1}{\sqrt{2\pi}\sigma} \mathrm{e}^{-\frac{(x-\mu)^2}{2\sigma^2}}, \quad -\infty < x < +\infty,$$

所以　　　$E(X) = \int_{-\infty}^{+\infty} x f(x) \mathrm{d}x = \int_{-\infty}^{+\infty} x \dfrac{1}{\sqrt{2\pi}\sigma} \mathrm{e}^{-\frac{(x-\mu)^2}{2\sigma^2}} \mathrm{d}x$

$$= \int_{-\infty}^{+\infty} (x-\mu) \dfrac{1}{\sqrt{2\pi}\sigma} \mathrm{e}^{-\frac{(x-\mu)^2}{2\sigma^2}} \mathrm{d}x + \mu \int_{-\infty}^{+\infty} \dfrac{1}{\sqrt{2\pi}\sigma} \mathrm{e}^{-\frac{(x-\mu)^2}{2\sigma^2}} \mathrm{d}x$$

$$\xlongequal{t=x-\mu} \int_{-\infty}^{+\infty} t \dfrac{1}{\sqrt{2\pi}\sigma} \mathrm{e}^{-\frac{t^2}{2\sigma^2}} \mathrm{d}t + \mu = \mu.$$

对于连续型随机变量函数数学期望，有与定理 4.1.1 和定理 4.1.2 类似的结论.

定理 4.1.3　设随机变量 X 的密度函数为 $f(x)$，若积分 $\int_{-\infty}^{+\infty} g(x) f(x) \mathrm{d}x$ 绝对收敛，则有

$$E[g(X)] = \int_{-\infty}^{+\infty} g(x) f(x) \mathrm{d}x.$$

定理 4.1.4 设 (X, Y) 是连续型随机变量，其密度函数为 $f(x, y)$，若积分 $\int_{-\infty}^{+\infty}\int_{-\infty}^{+\infty} g(x, y)f(x, y)\mathrm{d}x\mathrm{d}y$ 绝对收敛，则有

$$E[g(X, Y)] = \int_{-\infty}^{+\infty}\int_{-\infty}^{+\infty} g(x, y)f(x, y)\mathrm{d}x\mathrm{d}y.$$

定理 4.1.1 至定理 4.1.4 是本章的基本定理，它们提供了求一维和二维随机变量及其函数的数学期望的基本方法．下两节中关于随机变量的方差和协方差及相关系数的计算实际上也都归结为求随机变量及其函数的数学期望的计算．

例 4.1.13 设随机变量 X 在 $[0, \pi]$ 上服从均匀分布，求：$E(X)$，$E(\sin X)$，$E(X^2)$ 及 $E[X-E(X)]^2$.

解 由定理 4.1.3，有

$$E(X) = \int_{-\infty}^{+\infty} xf(x)\mathrm{d}x = \int_0^\pi x \cdot \frac{1}{\pi}\mathrm{d}x = \frac{\pi}{2},$$

$$E(\sin X) = \int_{-\infty}^{+\infty} \sin xf(x)\mathrm{d}x = \int_0^\pi \frac{1}{\pi}\sin x\mathrm{d}x = \frac{1}{\pi}(-\cos x)\Big|_0^\pi = \frac{2}{\pi},$$

$$E(X^2) = \int_{-\infty}^{+\infty} x^2 f(x)\mathrm{d}x = \int_0^\pi x^2 \cdot \frac{1}{\pi}\mathrm{d}x = \frac{\pi^2}{3},$$

$$E[X-E(X)]^2 = E\left(X-\frac{\pi}{2}\right)^2 = \int_0^\pi \left(x-\frac{\pi}{2}\right)^2 \cdot \frac{1}{\pi}\mathrm{d}x = \frac{\pi^2}{12}.$$

例 4.1.14 设国际市场上对我国某种出口商品的每年需求量是随机变量 X（单位：t），它服从区间 $[2000, 4000]$ 上的均匀分布，每销售出一吨商品，可为国家赚取外汇 3 万元；若销售不出，则每吨商品需要贮存费 1 万元，问应组织多少货源，才能使国家收益最大？

解 设组织货源 t 吨，显然应要求 $2000 \leqslant t \leqslant 4000$，国家收益 Y（单位：万元）是 X 的函数，由题意知

$$Y = g(X) = \begin{cases} 3t, & X \geqslant t, \\ 3X-(t-X), & X < t \end{cases} = \begin{cases} 3t, & X \geqslant t, \\ 4X-t, & X < t. \end{cases}$$

X 的密度函数为

$$f(x) = \begin{cases} 1/2000, & 2000 \leqslant x \leqslant 4000, \\ 0, & \text{其他}, \end{cases}$$

于是 Y 的期望为

$$E(Y) = \int_{-\infty}^{+\infty} g(x)f(x)\mathrm{d}x = \int_{2000}^{4000} \frac{1}{2000}g(x)\mathrm{d}x$$

$$= \frac{1}{2000}\left[\int_{2000}^t (4x-t)\mathrm{d}x + \int_t^{4000} 3t\mathrm{d}x\right] = \frac{1}{2000}(-2t^2+14000t-8\times10^6).$$

考虑 t 的取值使 $E(Y)$ 达到最大，易得 $t^* = 3500$，因此组织 3500 t 商品为好.

例 4.1.15　设随机变量 (X, Y) 的密度函数为

$$f(x, y) = \begin{cases} \mathrm{e}^{-x-y}, & x>0, \ y>0, \\ 0, & 其他, \end{cases}$$

求 $E(Y)$ 和 $E(XY)$.

解　由定理 4.1.4，可得

$$E(Y) = \int_{-\infty}^{+\infty} \int_{-\infty}^{+\infty} y f(x, y) \mathrm{d}x\mathrm{d}y = \int_0^{+\infty} \int_0^{+\infty} y\mathrm{e}^{-x-y} \mathrm{d}x\mathrm{d}y$$

$$= \int_0^{+\infty} \mathrm{e}^{-x}\mathrm{d}x \int_0^{+\infty} y\mathrm{e}^{-y}\mathrm{d}y = 1.$$

$$E(XY) = \int_{-\infty}^{+\infty} \int_{-\infty}^{+\infty} xy f(x, y) \mathrm{d}x\mathrm{d}y = \int_0^{+\infty} \int_0^{+\infty} xy\mathrm{e}^{-x-y} \mathrm{d}x\mathrm{d}y$$

$$= \int_0^{+\infty} x\mathrm{e}^{-x}\mathrm{d}x \int_0^{+\infty} y\mathrm{e}^{-y}\mathrm{d}y = 1.$$

4.1.3　数学期望的性质

数学期望有下列性质：

性质 1　设 C 为常数，则 $E(C)=C$.

性质 2　设 C 为常数，则 $E(CX)=CE(X)$.

性质 3　$E(X+Y)=E(X)+E(Y)$.

该性质可推广为

$$E(X_1+X_2+\cdots+X_n)=E(X_1)+E(X_2)+\cdots+E(X_n).$$

性质 4　设 X 与 Y 独立，则 $E(XY)=E(X)E(Y)$.

性质 1 和性质 2 的证明比较容易，由读者自己完成. 对于性质 3 和性质 4，我们只对连续型随机变量情况加以证明，离散型情况的证明与连续型类似.

性质 3 的证明：设二维随机变量 (X, Y) 的密度函数为 $f(x, y)$，则有

$$E(X+Y) = \int_{-\infty}^{+\infty} \int_{-\infty}^{+\infty} (x+y)f(x,y)\mathrm{d}x\mathrm{d}y$$

$$= \int_{-\infty}^{+\infty} \int_{-\infty}^{+\infty} xf(x,y)\mathrm{d}y\mathrm{d}x + \int_{-\infty}^{+\infty} \int_{-\infty}^{+\infty} yf(x,y)\mathrm{d}x\mathrm{d}y$$

$$= \int_{-\infty}^{+\infty} xf_X(x)\mathrm{d}x + \int_{-\infty}^{+\infty} yf_Y(y)\mathrm{d}y = E(X)+E(Y).$$

性质 4 的证明：因为 X 与 Y 独立，故有 $f(x, y)=f_X(x)f_Y(y)$，于是

$$E(XY) = \int_{-\infty}^{+\infty} \int_{-\infty}^{+\infty} xyf(x,y)\mathrm{d}x\mathrm{d}y = \int_{-\infty}^{+\infty} \int_{-\infty}^{+\infty} xyf_X(x)f_Y(y)\mathrm{d}x\mathrm{d}y$$

$$= \int_{-\infty}^{+\infty} xf_X(x)\mathrm{d}x \cdot \int_{-\infty}^{+\infty} yf_Y(y)\mathrm{d}y = E(X)E(Y).$$

例 4.1.16 设 X 服从参数为 n 和 p 的二项分布 $B(n, p)$，求 $E(X)$.

解 由于 X 表示 n 次独立试验中成功的次数，每次成功的概率为 p，我们有

$$X = X_1 + X_2 + \cdots + X_n,$$

其中 X_1，X_2，$\cdots$，X_n 相互独立，

$$X_i = \begin{cases} 1, \text{若第 } i \text{ 次试验成功}, \\ 0, \text{若第 } i \text{ 次试验不成功}, \end{cases}$$

因此，每个 X_i 服从 0—1 分布，且有 $E(X_i) = p$，于是

$$E(X_1 + X_2 + \cdots + X_n) = E(X_1) + E(X_2) + \cdots + E(X_n) = np.$$

例 4.1.16 的解题方法要比例 4.1.4 简单得多. 事实上，通过把一个随机变量分解为若干个相互独立同服从某 0—1 分布的随机变量之和的方法可以在很多场合下采用，并能使问题得到简单解决.

例 4.1.17 有 N 个人各自把他们的帽子抛向屋子的中央，将帽子充分混合后，每人随机地从中取出一顶，求刚好拿到自己帽子的人数的数学期望.

解 设 X 为刚好拿到自己帽子的人数，它可表示为

$$X = X_1 + X_2 + \cdots + X_N,$$

其中 X_1，X_2，$\cdots$，X_n 相互独立，

$$X_i = \begin{cases} 1, & \text{第 } i \text{ 个人拿到自己的帽子}, \\ 0, & \text{第 } i \text{ 个人未拿到自己的帽子}. \end{cases}$$

由于第 i 个人等可能地从 N 个帽子中取出一顶，即 X_i 有分布律

$$P\{X_i = 1\} = \frac{1}{N}, \quad P\{X_i = 0\} = 1 - \frac{1}{N},$$

所以有 $E(X_i) = P\{X_i = 1\} = \frac{1}{N}$，$i = 1, 2, \cdots, n$，于是有

$$E(X) = E(X_1) + E(X_2) + \cdots + E(X_N) = N \cdot \frac{1}{N} = 1,$$

即平均来说，刚好有一个人取到自己的帽子.

例 4.1.18 设 X 和 Y 是两个相互独立的连续型随机变量，它们的密度函数分别为

$$f_X(x) = \begin{cases} 2x, & 0 < x < 1, \\ 0, & \text{其他}, \end{cases} \qquad f_Y(y) = \begin{cases} \dfrac{y^2}{9}, & 0 < y < 3, \\ 0, & \text{其他}, \end{cases}$$

试求 $E(XY)$.

解　因为 X 与 Y 独立，所以有

$$E(XY) = E(X)E(Y) = \int_{-\infty}^{+\infty} x f_X(x) \mathrm{d}x \cdot \int_{-\infty}^{+\infty} y f_Y(y) \mathrm{d}y$$

$$= \int_0^1 x \cdot 2x \mathrm{d}x \cdot \int_0^3 y \cdot \frac{y^2}{9} \mathrm{d}y = \frac{3}{2}.$$

4.2　随机变量的方差

随机变量的数学期望是刻画随机变量平均取值的数字特征．在本章开始，我们已经指出，方差是随机变量的又一个重要数字特征，它刻画了随机变量取值的分散程度．也就是随机变量取值与平均值的偏离程度．

定义 4.2.1　设 X 是一个随机变量，若 $E[X-E(X)]^2$ 存在，则称其为 X 的方差，记为 $D(X)$ 或 $\mathrm{Var}(X)$，即

$$D(X) = E[X-E(X)]^2,$$

称 $D(X)$ 的算术平方根 $\sqrt{D(X)}$ 为 X 的标准差．

若 X 为离散型随机变量，其分布律为

$$P\{X = x_k\} = p_k, \quad k = 1, 2, \cdots,$$

则

$$D(X) = \sum_{k=1}^{+\infty} [x_k - E(X)]^2 p_k.$$

若 X 为连续型随机变量，其密度函数为 $f(x)$，则

$$D(X) = \int_{-\infty}^{+\infty} [x - E(X)]^2 f(x) \mathrm{d}x.$$

因为

$$D(X) = E[X-E(X)]^2 = E[X^2 - 2XE(X) + [E(X)]^2]$$

$$= E(X^2) - 2E(X) \cdot E(X) + [E(X)]^2$$

$$= E(X^2) - [E(X)]^2,$$

所以，常采用以下公式计算方差

$$D(X) = E(X^2) - [E(X)]^2.$$

例 4.2.1　抛掷一颗均匀的骰子，观察出现的点数，其结果是一个随机变量，记为 X，试求 $D(X)$．

解　由例 4.1.1 知，X 的数学期望为 $E(X) = \frac{7}{2}$，由于

$$E(X^2) = 1^2 \times \frac{1}{6} + 2^2 \times \frac{1}{6} + 3^2 \times \frac{1}{6} + 4^2 \times \frac{1}{6} + 5^2 \times \frac{1}{6} + 6^2 \times \frac{1}{6} = \frac{91}{6},$$

因此

$$D(X) = E(X^2) - [E(X)]^2 = \frac{91}{6} - \left(\frac{7}{2}\right)^2 = \frac{35}{12}.$$

下面介绍几个常见随机变量的方差.

例 4.2.2　设 X 服从 0—1 分布，求 $D(X)$.

解　X 的分布律为

X	0	1
p_k	$1-p$	p

由例 4.1.3 知，X 的数学期望为 $E(X)=p$，由于

$$E(X^2)=1^2 \cdot p+0^2 \cdot (1-p)=p,$$

因此　　　　　　$D(X)=E(X^2)-[E(X)]^2=p-p^2=p(1-p).$

例 4.2.3　设 $X \sim B(n, p)$，求 $D(X)$.

解　X 的分布律为

$$p_k=P\{X=k\}=C_n^k p^k q^{n-k}, \ k=0, 1, 2, \cdots, n.$$

由例 4.1.4 知，$E(X)=np$，又由于

$$E(X^2) = \sum_{k=0}^{n} k^2 C_n^k p^k q^{n-k} = \sum_{k=1}^{n} k^2 C_n^k p^k q^{n-k}$$

$$= np \sum_{k=1}^{n} k C_{n-1}^{k-1} p^{k-1} q^{(n-1)-(k-1)}$$

$$= np \sum_{k=1}^{n} (k-1) C_{n-1}^{k-1} p^{k-1} q^{(n-1)-(k-1)} + np \sum_{k=1}^{n} C_{n-1}^{k-1} p^{k-1} q^{(n-1)-(k-1)}$$

$$= n(n-1) p^2 \sum_{k=2}^{n} C_{n-2}^{k-2} p^{k-2} q^{(n-2)-(k-2)} + np(p+q)^{n-1}$$

$$= n(n-1) p^2 + np ,$$

因此 $D(X)=E(X^2)-[E(X)]^2=n(n-1)p^2+np-n^2 p^2=np(1-p)=npq.$

例 4.2.4　设 $X \sim P(\lambda)$，求 $D(X)$.

解　X 的分布律为

$$P\{X=k\}=\frac{\lambda^k}{k!} \mathrm{e}^{-\lambda}, \ k=0, 1, 2, \cdots.$$

由例 4.1.5 知，$E(X)=\lambda$，又由于

$$E(X^2) = \sum_{k=0}^{+\infty} k^2 \frac{\lambda^k}{k!} \mathrm{e}^{-\lambda} = \sum_{k=1}^{+\infty} k^2 \frac{\lambda^k}{k!} \mathrm{e}^{-\lambda} = \lambda \mathrm{e}^{-\lambda} \sum_{k=1}^{+\infty} k \frac{\lambda^{k-1}}{(k-1)!}$$

$$= \lambda \mathrm{e}^{-\lambda} \sum_{k=1}^{+\infty} (k-1) \frac{\lambda^{k-1}}{(k-1)!} + \lambda \mathrm{e}^{-\lambda} \sum_{k=1}^{+\infty} \frac{\lambda^{k-1}}{(k-1)!}$$

$$= \lambda \mathrm{e}^{-\lambda} \sum_{k=2}^{+\infty} (k-1) \frac{\lambda^{k-1}}{(k-1)!} + \lambda \mathrm{e}^{-\lambda} \cdot \mathrm{e}^{\lambda}$$

$$= \lambda^2 \mathrm{e}^{-\lambda} \sum_{k=2}^{+\infty} \frac{\lambda^{k-2}}{(k-2)!} + \lambda = \lambda^2 + \lambda,$$

因此 $D(X) = E(X^2) - [E(X)]^2 = \lambda^2 + \lambda - \lambda^2 = \lambda.$

例 4.2.5 设 $X \sim U(a, b)$，求 $D(X)$.

解 X 的密度函数为

$$f(x) = \begin{cases} \dfrac{1}{b-a}, & a < x < b, \\ 0, & \text{其他}, \end{cases}$$

由例 4.1.10 知，$E(X) = \dfrac{b+a}{2}$，又由于

$$E(X^2) = \int_{-\infty}^{+\infty} x^2 f(x) \mathrm{d}x = \int_a^b x^2 \frac{1}{b-a} \mathrm{d}x = \frac{b^2 + ab + a^2}{3}.$$

可得 X 的方差

$$D(X) = E(X^2) - [E(X)]^2 = \frac{b^2 + ab + a^2}{3} - \left(\frac{a+b}{2}\right)^2 = \frac{(b-a)^2}{12}.$$

例 4.2.6 设 $X \sim E(\lambda)$，求 $D(X)$.

解 X 的密度函数为

$$f(x) = \begin{cases} \lambda \mathrm{e}^{-\lambda x}, & x > 0, \\ 0, & \text{其他}. \end{cases}$$

由例 4.1.11 知，$E(X) = \dfrac{1}{\lambda}$，又由

$$E(X^2) = \int_{-\infty}^{+\infty} x^2 f(x) \mathrm{d}x = \int_0^{+\infty} x^2 \lambda \mathrm{e}^{-\lambda x} \mathrm{d}x$$

$$= -x^2 \mathrm{e}^{-\lambda x} \Big|_0^{+\infty} + \int_0^{+\infty} 2x \mathrm{e}^{-\lambda x} \mathrm{d}x = \frac{2}{\lambda^2},$$

可得 $D(X) = E(X^2) - [E(X)]^2 = \dfrac{2}{\lambda^2} - \left(\dfrac{1}{\lambda}\right)^2 = \dfrac{1}{\lambda^2}.$

例 4.2.7 设 $X \sim N(\mu, \sigma^2)$，求 $D(X)$.

解 X 的密度函数为

$$f(x) = \frac{1}{\sqrt{2\pi}\sigma} \mathrm{e}^{-\frac{(x-\mu)^2}{2\sigma^2}}, \quad -\infty < x < +\infty.$$

由例 4.1.12 知，$E(X) = \mu$，因此

$$D(X) = \int_{-\infty}^{+\infty} [x - E(X)]^2 f(x) \mathrm{d}x = \int_{-\infty}^{+\infty} (x-\mu)^2 \frac{1}{\sqrt{2\pi}\sigma} \mathrm{e}^{-\frac{(x-\mu)^2}{2\sigma^2}} \mathrm{d}x.$$

令 $\dfrac{x-\mu}{\sigma} = t$，则

$$D(X) = \frac{\sigma^2}{\sqrt{2\pi}} \int_{-\infty}^{+\infty} t^2 \mathrm{e}^{-\frac{t^2}{2}} \mathrm{d}t = \frac{\sigma^2}{\sqrt{2\pi}} \left(-t \mathrm{e}^{-\frac{t^2}{2}}\right) \Big|_{-\infty}^{+\infty} + \frac{\sigma^2}{\sqrt{2\pi}} \int_{-\infty}^{+\infty} \mathrm{e}^{-\frac{t^2}{2}} \mathrm{d}t$$

$$= \frac{\sigma^2}{\sqrt{2\pi}} \int_{-\infty}^{+\infty} e^{-\frac{t^2}{2}} dt = \sigma^2.$$

由例 4.1.12 和例 4.2.7 可知，正态分布 $N(\mu,\ \sigma^2)$ 的参数 μ 和 σ^2 分别是该分布的数学期望和方差．特别是，若 $X \sim N(0,\ 1)$，则 $E(X) = 0$，$D(X) = 1$.

下面是方差的几个重要性质：

性质 1　设 C 为常数，则 $D(C) = 0$.

证明　$D(C) = E[C - E(C)]^2 = 0$.

性质 2　设 C 为常数，则有

$$D(CX) = C^2 D(X),\ D(X+C) = D(X).$$

证明　$D(CX) = E[CX - E(CX)]^2 = C^2 E[X - E(X)]^2 = C^2 D(X)$.

$D(X+C) = E[(X+C) - E(X+C)]^2 = E[X - E(X)]^2 = D(X)$.

性质 3　设 X, Y 是两个随机变量，则有

$$D(X+Y) = D(X) + D(Y) + 2E[(X-E(X))(Y-E(Y))],$$

若 X 和 Y 相互独立，则有

$$D(X+Y) = D(X) + D(Y).$$

证明
$$\begin{aligned}
D(X+Y) &= E[(X+Y) - E(X+Y)]^2 \\
&= E[(X-E(X)) + (Y-E(Y))]^2 \\
&= E[X-E(X)]^2 + E[Y-E(Y)]^2 + \\
&\quad 2E[(X-E(X))(Y-E(Y))] \\
&= D(X) + D(Y) + 2E[(X-E(X))(Y-E(Y))].
\end{aligned}$$

若 X 和 Y 相互独立，则 $E(XY) = E(X)E(Y)$，于是

$$\begin{aligned}
E[(X-E(X))(Y-E(Y))] &= E[XY - XE(Y) - YE(X) + E(X)E(Y)] \\
&= E(XY) - E(X)E(Y) - E(Y)E(X) + E(X)E(Y) \\
&= 0,
\end{aligned}$$

即 $D(X+Y) = D(X) + D(Y)$.

上述性质可以推广到 n 个随机变量的情况．特别地，若随机变量 X_1，X_2，$\cdots$，X_n 相互独立，则有

$$D(X_1 + X_2 + \cdots + X_n) = D(X_1) + D(X_2) + \cdots + D(X_n),$$

且有 $D(C_1 X_1 + C_2 X_2 + \cdots + C_n X_n) = C_1^2 D(X_1) + C_2^2 D(X_2) + \cdots + C_n^2 D(X_n)$，其中 C_1，C_2，$\cdots$，C_n 都是常数．例如，若 X 与 Y 独立，则有

$$D(X-Y) = D(X) + D(-Y) = D(X) + (-1)^2 D(Y) = D(X) + D(Y),$$

即相互独立随机变量之差的方差等于它们的方差之和．

例 4.2.8　设 X 服从参数为 n 和 p 的二项分布 $B(n,\ p)$，求 $D(X)$.

解　由于 X 表示 n 次独立试验中成功的次数, 每次成功的概率为 p, 我们有
$$X = X_1 + X_2 + \cdots + X_n,$$
其中 X_1, X_2, $\cdots$, X_n 相互独立,
$$X_i = \begin{cases} 1, & \text{若第 } i \text{ 次试验成功,} \\ 0, & \text{若第 } i \text{ 次试验不成功.} \end{cases}$$
由例 4.2.2 知, $D(X_i) = pq$, 这里 $q = 1 - p$. 由 X_1, X_2, $\cdots$, X_n 的相互独立性可得
$$D(X_1 + X_2 + \cdots + X_n) = D(X_1) + D(X_2) + \cdots + D(X_n) = npq.$$

上例说明了方差性质 3 的重要作用, 与例 4.2.3 相比较, 本例计算过程简便得多.

例 4.2.9　设 $X \sim N(0, 1)$, $Y \sim N(-1, 4)$, 且 X 和 Y 相互独立, 求 $D(2X - 3Y)$.

解　由于 X 与 Y 独立, 所以
$$D(2X - 3Y) = 2^2 D(X) + 3^2 D(Y) = 4 + 36 = 40.$$

事实上, 若 $X_i \sim N(\mu_i, \sigma_i^2)$, $i = 1, 2, \cdots, n$, 且它们相互独立, 则它们的线性组合 $\sum\limits_{i=1}^{n} C_i X_i$ 仍然服从正态分布. 由数学期望和方差的性质知

$$E\left(\sum_{i=1}^{n} C_i X_i \right) = \sum_{i=1}^{n} C_i \mu_i,$$

$$D\left(\sum_{i=1}^{n} C_i X_i \right) = \sum_{i=1}^{n} C_i^2 D(X_i) = \sum_{i=1}^{n} C_i^2 \sigma_i^2,$$

于是有
$$\sum_{i=1}^{n} C_i X_i \sim N\left(\sum_{i=1}^{n} C_i \mu_i, \sum_{i=1}^{n} C_i^2 \sigma_i^2 \right).$$

例 4.2.10　设 $X \sim N(\mu, \sigma^2)$, 求 $\dfrac{X-\mu}{\sigma}$ 的分布.

解　由于 $X \sim N(\mu, \sigma^2)$, 所以 $\dfrac{X-\mu}{\sigma}$ 也服从正态分布, 其数学期望和方差分别为

$$E\left(\frac{X-\mu}{\sigma} \right) = \frac{E(X) - \mu}{\sigma} = 0,$$

$$D\left(\frac{X-\mu}{\sigma} \right) = \frac{1}{\sigma^2} D(X - \mu) = \frac{1}{\sigma^2} D(X) = 1.$$

因此 $\dfrac{X-\mu}{\sigma} \sim N(0, 1)$, 也就是说, 对于任意一个正态随机变量, 总可以通过变换 $Z = \dfrac{X-\mu}{\sigma}$, 使其化为标准正态分布.

例 4.2.11　设随机变量(X, Y)在以点$(0, 1)$，$(1, 0)$，$(1, 1)$为顶点的三角形区域G上服从均匀分布，试求随机变量$Z = X + Y$的数学期望和方差．

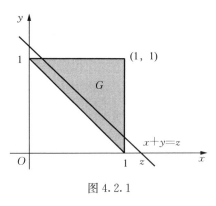

图 4.2.1

解　三角形区域G如图 4.2.1 所示，G的面积为$1/2$，所以(X, Y)的密度函数为

$$f(x, y) = \begin{cases} 2, & (x, y) \in G, \\ 0, & (x, y) \notin G, \end{cases}$$

于是有

$$E(X+Y) = \int_{-\infty}^{+\infty} \int_{-\infty}^{+\infty} (x+y) f(x, y) \mathrm{d}x \mathrm{d}y$$

$$= \int_0^1 \mathrm{d}x \int_{1-x}^1 2(x+y) \mathrm{d}y = \int_0^1 (x^2 + 2x) \mathrm{d}x = \left(\frac{x^3}{3} + x^2 \right) \Big|_0^1 = \frac{4}{3},$$

$$E[(X+Y)^2] = \int_{-\infty}^{+\infty} \int_{-\infty}^{+\infty} (x+y)^2 f(x, y) \mathrm{d}x \mathrm{d}y = \int_0^1 \mathrm{d}x \int_{1-x}^1 2(x+y)^2 \mathrm{d}y$$

$$= \frac{2}{3} \int_0^1 (x^3 + 3x^2 + 3x) \mathrm{d}x = \frac{11}{6},$$

$$D(X+Y) = E[(X+Y)^2] - [E(X+Y)]^2 = \frac{1}{18}.$$

4.3　协方差和相关系数

设(X, Y)为二维随机变量，本节讨论X和Y之间相互关系的数字特征．

如果X和Y相互独立，则容易证明$E\{[X-(EX)][Y-E(Y)]\} = 0$. 若$E\{[X-(EX)][Y-E(Y)]\} \neq 0$，则说明它们之间存在一定的相关性，我们用$X$和$Y$的协方差和相关系数来描述它们之间相关性．

定义 4.3.1　若$E[X-(EX)][Y-E(Y)]$存在，称其为随机变量X和Y的协方差，记为$\mathrm{Cov}(X, Y)$，即

$$\mathrm{Cov}(X, Y) = E\{[X-(EX)][Y-E(Y)]\}.$$

当$D(X) > 0$，$D(Y) > 0$时，称

$$\rho_{XY} = \frac{\mathrm{Cov}(X, Y)}{\sqrt{D(X)} \cdot \sqrt{D(Y)}}$$

为X和Y的相关系数．

将协方差的定义式展开，得

$$Cov(X,Y)=E\{[X-(EX)][Y-E(Y)]\}$$
$$=E\{XY-XE(Y)-YE(X)+E(X)E(Y)\}$$
$$=E(XY)-E(X)E(Y)-E(Y)E(X)+E(X)E(Y)$$
$$=E(XY)-E(X)E(Y),$$

即 $Cov(X,Y)=E(XY)-E(X)E(Y)$，这是计算协方差的常用公式.

协方差有下列性质：

性质 1　$Cov(X,Y)=Cov(Y,X)$.

性质 2　$Cov(X,X)=D(X)$.

性质 3　$D(X+Y)=D(X)+D(Y)+2Cov(X,Y)$.

该性质可以推广到 n 个随机变量，即有

$$D(\sum_{i=1}^{n}X_i)=\sum_{i=1}^{n}D(X_i)+2\sum_{1\leqslant i<j\leqslant n}Cov(X_i,X_j).$$

性质 4　$Cov(aX,bY)=abCov(X,Y)$.

性质 5　$Cov(X_1+X_2,Y)=Cov(X_1,Y)+Cov(X_2,Y)$.

若随机变量 X 和 Y 相互独立，则 $E(XY)=E(X)E(Y)$，从而 $Cov(X,Y)=0$. 该命题的逆命题不成立，即两个随机变量的协方差为零，并不能说明它们相互独立.

例 4.3.1　设 (X,Y) 分布律为

Y＼X	-1	0	1	$P\{X=i\}$
0	$\frac{1}{3}$	0	$\frac{1}{3}$	$\frac{2}{3}$
1	0	$\frac{1}{3}$	0	$\frac{1}{3}$
$P\{Y=j\}$	$\frac{1}{3}$	$\frac{1}{3}$	$\frac{1}{3}$	

求 $Cov(X,Y)$.

解　由于 $E(Y)=(-1)\times\frac{1}{3}+0\times\frac{1}{3}+1\times\frac{1}{3}=0$，且 $E(XY)=0$，所以
$$Cov(X,Y)=E(XY)-E(X)E(Y)=0.$$
然而，易见 X 与 Y 不独立.

例 4.3.2　设 (X,Y) 在单位圆 $X^2+Y^2\leqslant1$ 上具有均匀分布，求 $Cov(X,Y)$.

解　(X,Y) 的联合密度函数为
$$f(x,y)=\begin{cases}\dfrac{1}{\pi}, & x^2+y^2\leqslant1,\\ 0, & 其他.\end{cases}$$

X 和 Y 的边缘密度函数为

$$f_X(x)=\begin{cases}\dfrac{2}{\pi}\sqrt{1-x^2}, & -1\leqslant x\leqslant 1,\\[2mm] 0, & \text{其他}.\end{cases}$$

$$f_Y(y)=\begin{cases}\dfrac{2}{\pi}\sqrt{1-y^2}, & -1\leqslant y\leqslant 1,\\[2mm] 0, & \text{其他}.\end{cases}$$

因此有

$$E(X)=\int_{-\infty}^{+\infty}xf_X(x)\mathrm{d}x=\int_{-1}^{1}x\,\frac{2}{\pi}\sqrt{1-x^2}\,\mathrm{d}x=0.$$

同理可得 $E(Y)=0.$ 而

$$E(XY)=\int_{-\infty}^{+\infty}\int_{-\infty}^{+\infty}xyf(x,y)\mathrm{d}x\mathrm{d}y$$

$$=\frac{1}{\pi}\int_{0}^{2\pi}\mathrm{d}\theta\int_{0}^{1}r^2\sin\theta\cos\theta r\mathrm{d}r=0,$$

于是有 $\qquad\qquad \mathrm{Cov}(X,Y)=E(XY)-E(X)E(Y)=0.$

然而，易见随机变量 X 和 Y 不独立，因为 $f(x,y)\neq f_X(x)f_Y(x).$

例 4.3.3 设 (X,Y) 的密度函数为

$$f(x,y)=\begin{cases}8xy, & 0\leqslant x\leqslant y\leqslant 1,\\ 0, & \text{其他},\end{cases}$$

求 $\mathrm{Cov}(X,Y)$, $D(X+Y)$ 和 ρ_{XY}.

解 X 和 Y 的边缘密度函数为

$$f_X(x)=\begin{cases}4x(1-x^2), & 0\leqslant x\leqslant 1,\\ 0, & \text{其他},\end{cases}$$

$$f_Y(y)=\begin{cases}4y^3, & 0\leqslant y\leqslant 1,\\ 0, & \text{其他},\end{cases}$$

于是 $\qquad E(X)=\int_{-\infty}^{+\infty}xf_X(x)\mathrm{d}x=\int_{0}^{1}x\cdot 4x(1-x^2)\mathrm{d}x=\dfrac{8}{15},$

$$E(Y)=\int_{-\infty}^{+\infty}yf_Y(y)\mathrm{d}y=\int_{0}^{1}y\cdot 4y^3\mathrm{d}y=\frac{4}{5},$$

$$E(XY)=\int_{-\infty}^{+\infty}\int_{-\infty}^{+\infty}xyf(x,y)\mathrm{d}x\mathrm{d}y=\int_{0}^{1}\mathrm{d}x\int_{x}^{1}xy\cdot 8xy\cdot\mathrm{d}y=\frac{4}{9},$$

从而 $\qquad\qquad \mathrm{Cov}(X,Y)=E(XY)-E(X)E(Y)=\dfrac{4}{225}.$

又 $\qquad E(X^2)=\int_{-\infty}^{+\infty}x^2f_X(x)\mathrm{d}x=\int_{0}^{1}x^2\cdot 4x(1-x^2)\mathrm{d}x=\dfrac{1}{3}$,

$$E(Y^2) = \int_{-\infty}^{+\infty} y^2 f_Y(y)\mathrm{d}y = \int_0^1 y^2 \cdot 4y^3 \mathrm{d}y = \frac{2}{3},$$

所以有

$$D(X) = E(X^2) - [E(X)]^2 = \frac{11}{225},$$

$$D(Y) = E(Y^2) - [E(Y)]^2 = \frac{6}{225} = \frac{2}{75},$$

于是可得

$$D(X+Y) = D(X) + D(Y) + 2\mathrm{Cov}(X,\ Y) = \frac{1}{9},$$

$$\rho_{XY} = \frac{\mathrm{Cov}(X,\ Y)}{\sqrt{D(X)} \cdot \sqrt{D(Y)}} = \frac{4}{\sqrt{33}}.$$

下面定理给出相关系数 ρ_{XY} 的两条重要性质.

定理 4.3.1　随机变量 X 和 Y 的相关系数 ρ_{XY} 满足:

(1) $|\rho_{XY}| \leqslant 1$;

(2) $|\rho_{XY}| = 1$ 的充要条件是, 存在常数 a, b 使

$$P\{Y = aX + b\} = 1.$$

证明略.

由定理 4.3.1 可知, 当 $|\rho_{XY}| = 1$ 时, X 和 Y 之间以概率 1 存在线性关系. 特别地, 当 $\rho_{XY} = 1$ 时, 称为正线性相关; 当 $\rho_{XY} = -1$ 时, 称为负线性相关. 且当 $|\rho_{XY}|$ 较小时, X 和 Y 之间的线性相关程度较弱; 当 $|\rho_{XY}|$ 较大时, X 和 Y 之间的线性相关程度较强. 当 $\rho_{XY} = 0$ 时, X 与 Y 不相关.

习　题　4

1. 设随机变量 X 的分布律为

X	0	1	2
p_k	$\frac{1}{4}$	$\frac{1}{2}$	$\frac{1}{4}$

求 $E(X)$, $E(X^2+2)$ 及 $D(X)$.

2. 把 4 个球随机地投入 4 个盒子中, 设 X 表示空盒子的个数, 求 $E(X)$ 和 $D(X)$.

3. 设随机变量 X 的密度函数为

$$f(x) = \begin{cases} 2(1-x), & 0 < x < 1, \\ 0, & 其他, \end{cases}$$

求 $E(X)$ 和 $D(X)$.

4. 设随机变量 X 的密度函数为

$$f(x)=\begin{cases}1+x, & -1\leqslant x\leqslant 0, \\ 1-x, & 0<x\leqslant 1, \\ 0, & \text{其他}, \end{cases}$$

求 $E(X)$ 和 $D(X)$.

5. 设 X 表示 10 次独立重复射击命中目标的次数，每次命中目标的概率为 0.4，求 $E(X^2)$.

6. 已知随机变量 X 服从参数为 2 的泊松分布，求 $E(3X-2)$.

7. 设一部机器在一天内发生故障的概率为 0.2，一周 5 个工作日. 若无故障，可获利润 10 万元；发生一次故障仍可获利润 5 万元；若发生两次故障，获利润 0 元；若发生 3 次或 3 次以上故障就要亏损 2 万元. 求一周利润的数学期望.

8. 设某工厂生产的圆盘，其直径在区间 (a,b) 上服从均匀分布，求该圆盘面积的数学期望.

9. 设随机变量 X 的密度函数为

$$f(x)=\begin{cases}\mathrm{e}^{-x}, & x>0, \\ 0, & \text{其他}, \end{cases}$$

求：(1) $Y=2X$ 的数学期望；(2) $Y=\mathrm{e}^{-2X}$ 的数学期望.

10. 设随机变量 ξ 和 η 相互独立，且服从同一分布，已知 ξ 的分布律为

$$P\{\xi=i\}=\frac{1}{3}, \quad i=1, 2, 3.$$

又设 $X=\max\{\xi, \eta\}$, $Y=\min\{\xi, \eta\}$.

(1) 求二维随机变量 (X, Y) 的分布律；

(2) 求 $E(X)$ 和 $E(X/Y)$.

11. 设二维随机变量 (X, Y) 的联合密度函数为

$$f(x, y)=\begin{cases}\dfrac{1}{8}(x+y), & 0<x<2, 0<y<2, \\ 0, & \text{其他}, \end{cases}$$

求 $E(X)$, $E(Y)$, $E(XY)$ 和 $E(X^2+Y^2)$.

12. 设随机变量 X, Y 分别服从参数为 2 和 4 的指数分布，

(1) 求 $E(X+Y)$, $E(2X-3Y^2)$;

(2) 设 X, Y 相互独立，求 $E(XY)$, $D(X+Y)$.

13. 设 $X\sim N(1, 2)$, $Y\sim N(0, 1)$, 且 X 和 Y 相互独立，求随机变量

$Z=2X-Y+3$ 的密度函数.

14. 设有 10 个猎人正等着野鸭飞过来,当一群野鸭飞过头顶时,他们同时开了枪,但他们每个人都是随机地,彼此独立地选择自己的目标.如果每个猎人独立地射中其目标的概率均为 p,试求当 10 只野鸭飞来时,没有被击中而飞走的野鸭数的数学期望.

15. 一个骰子掷 10 次,求得到的总点数的数学期望.

16. 设随机变量 X 和 Y 的联合分布律为

X Y	-1	0	1
0	0.07	0.18	0.15
1	0.08	0.32	0.20

求 $E(X)$,$E(Y)$,$\mathrm{Cov}(X,Y)$.

17. 设随机变量 (X,Y) 的密度函数为
$$f(x,y)=\begin{cases}1, & |y|<x,\ 0<x<1,\\ 0, & \text{其他},\end{cases}$$
求 $E(X)$,$E(Y)$,$\mathrm{Cov}(X,Y)$.

18. 设随机变量 X 服从拉普拉斯分布,其密度函数为
$$f(x)=\frac{1}{2}\mathrm{e}^{-|x|},\quad -\infty<x<+\infty.$$

(1) 求 $E(X)$ 和 $D(X)$;

(2) 求 X 与 $|X|$ 的协方差,并判断 X 与 $|X|$ 的相关性;

(3) 问 X 与 $|X|$ 是否相互独立?

19. 已知随机变量 X 服从二项分布,且 $E(X)=2.4$,$D(X)=1.44$,求此二项分布的参数 n,p 的值.

20. 某流水生产线上每个产品不合格的概率为 $p(0<p<1)$,各产品合格与否相互独立,当出现一个不合格品时即停机检修.设开机后第一次停机时已生产的产品个数为 X,求 $E(X)$ 和 $D(X)$.

21. 设随机变量 X 在区间 $(-1,1)$ 上服从均匀分布,随机变量
$$Y=\begin{cases}-1, & X<0,\\ 0, & X=0,\\ 1, & X>0,\end{cases}$$
求 $E(Y)$ 和 $D(Y)$.

22. 设随机变量 X 的密度函数为

$$f(x)=\begin{cases}\dfrac{1}{2}\cos\dfrac{x}{2}, & 0<x<\pi,\\ 0, & \text{其他},\end{cases}$$

对 X 独立地观察 4 次，用 Y 表示观察值大于 $\dfrac{\pi}{3}$ 的次数，求 Y^2 的数学期望.

23. 设随机变量 Y 服从参数为 1 的指数分布，随机变量

$$X_k=\begin{cases}1, & Y>k,\\ 0, & Y\leqslant k\end{cases}\quad (k=1,\,2),$$

求：$(1)(X_1,\,X_2)$ 的分布律；$(2)E(X_1+X_2)$.

24. 设 X 和 Y 是两个相互独立且均服从正态分布 $N(0,\,0.5)$ 的随机变量，求 $E[\,|X-Y|\,]$.

25. 已知 $X\sim N(1,\,9)$，$Y\sim N(0,\,16)$，X 和 Y 的相关系数为 $\rho_{XY}=-\dfrac{1}{2}$.

设 $Z=\dfrac{X}{3}+\dfrac{Y}{2}$.

(1) 求 $E(Z)$ 和 $D(Z)$；(2) 求 X 和 Z 的相关系数.

26. 设 A，B 为随机事件，且 $P(A)=\dfrac{1}{4}$，$P(B|A)=\dfrac{1}{3}$，$P(A|B)=\dfrac{1}{2}$，令

$$X=\begin{cases}1, & A\text{ 发生},\\ 0, & A\text{ 不发生},\end{cases}\qquad Y=\begin{cases}1, & B\text{ 发生},\\ 0, & B\text{ 不发生},\end{cases}$$

求：(1) 二维随机变量 $(X,\,Y)$ 的分布律；(2) X 和 Y 的相关系数.

27. 将一枚硬币重复掷 n 次，以 X 和 Y 分别表示正面向上和反面向上的次数，求 X 和 Y 的相关系数.

第 5 章　极限定理

极限定理是概率论的基本定理，在理论研究和实际应用中起着十分重要的作用．本章介绍关于随机变量序列的最基本的两类极限定理，即大数定律和中心极限定理．

注意到，随机现象的统计规律性是在相同条件下进行大量重复试验时呈现出来的．例如，在概率的统计定义中，谈到一个事件发生的频率具有稳定性，即频率趋于事件的概率．这里是指试验的次数无限增大时，频率在某种收敛意义下逼近某一个定数．这就是最早的一个大数定律．一般的大数定律讨论 n 个随机变量的平均值的稳定性，对上述情况从理论的高度给予概括和论证．通俗地说，在大量重复出现的条件下，一些随机事件往往呈现出几乎必然的统计规律性，而大数定律则以严密的数学形式论证了这种统计规律性．

另一类基本的极限定理是中心极限定理．这类定理证明了，在某些一般性条件下，大量的随机变量之和的分布逼近于正态分布．因此，中心极限定理不仅提供了计算独立随机变量之和的近似概率的方法，而且有助于解释为什么很多观察数据的经验频率呈现正态曲线这一值得注意的事实．利用这些定理，许多复杂随机变量的分布可以用正态分布近似，而正态分布有着许多完美的性质．

5.1　大数定律

5.1.1　切比雪夫不等式

首先由下面的定理给出一个重要不等式，称为切比雪夫(Chebyshev)不等式．

定理 5.1.1　设随机变量 X 具有数学期望 $E(X)$ 和方差 $D(X)$，则对于任意正数 ε，不等式

$$P\{|X-E(X)|\geqslant\varepsilon\}\leqslant\frac{D(X)}{\varepsilon^2} \qquad (5.1.1)$$

成立．

证明　我们只就连续型随机变量的情况来证明．设 X 的密度函数为 $f(x)$，则有

$$P\{|X-E(X)|\geqslant\varepsilon\}=\int_{|X-E(X)|\geqslant\varepsilon}f(x)\mathrm{d}x\leqslant\int_{|X-E(X)|\geqslant\varepsilon}\frac{(x-E(X))^2}{\varepsilon^2}f(x)\mathrm{d}x$$

$$\leqslant\int_{-\infty}^{+\infty}\frac{(x-E(X))^2}{\varepsilon^2}f(x)\mathrm{d}x$$

$$=\frac{1}{\varepsilon^2}\int_{-\infty}^{+\infty}(x-E(X))^2f(x)\mathrm{d}x$$

$$=\frac{1}{\varepsilon^2}E[X-E(X)]^2=\frac{D(X)}{\varepsilon^2}.$$

定理证毕.

不等式(5.1.1)等价于

$$P\{|X-E(X)|<\varepsilon\}\geqslant1-\frac{D(X)}{\varepsilon^2}. \tag{5.1.2}$$

两个不等式都称为切比雪夫不等式. 用不等式(5.1.2)可以在 X 的分布未知的情况下, 估计事件 $\{|X-E(X)|<\varepsilon\}$ 发生的概率.

例 5.1.1　设随机变量 X 和 Y 的数学期望都是 2, 方差分别为 2 和 4, 且 X 和 Y 相互独立, 试根据切贝雪夫不等式估计 $P\{|X-Y|<6\}$.

解　$X-Y$ 的数学期望为 $E(X-Y)=E(X)-E(Y)=2-2=0$, 由于 X 与 Y 独立, 所以其方差为

$$D(X-Y)=D(X)+D(Y)=2+4=6.$$

由切贝雪夫不等式, 得

$$P\{|X-Y|<6\}=P\{|(X-Y)-E(X-Y)|<6\}$$

$$\geqslant1-\frac{D(X-Y)}{6^2}=1-\frac{1}{6}=\frac{5}{6}.$$

5.1.2　大数定律

首先给出依概率收敛的定义.

定义 5.1.1　设 X_1, X_2, …, X_n, … 是随机变量序列, μ 是一个常数, 若对于任意给定的正数 ε, 有

$$\lim_{n\to+\infty}P\{|X_n-\mu|<\varepsilon\}=1,$$

或等价地有

$$\lim_{n\to+\infty}P\{|X_n-\mu|\geqslant\varepsilon\}=0,$$

则称随机变量序列 $\{X_n\}$ 依概率收敛于 μ, 记为 $X_n\xrightarrow{P}\mu$.

若记 $a_n=P\{|X_n-\mu|<\varepsilon\}$, 则 $X_n\xrightarrow{P}\mu\Leftrightarrow\lim_{n\to+\infty}a_n=1$, 由此可见, 依概率收敛仍然是用数列收敛的概念来定义的.

依概率收敛的序列具有以下性质:

设 $X_n \xrightarrow{P} \mu$,$Y_n \xrightarrow{P} v$,又设函数 $g(x,y)$ 在点 (u,v) 连续,则

$$g(X_n, Y_n) \xrightarrow{P} g(\mu, v).$$

定理 5.1.2(切比雪夫大数定律) 设随机变量序列 X_1,X_2,…相互独立,若存在常数 $c>0$ 使得 $DX_i \leqslant c$,$i=1,2,\cdots$,则对于任意给定的正数 ε,有

$$\lim_{n \to +\infty} P\left\{ \left| \frac{1}{n}\sum_{i=1}^{n}X_i - \frac{1}{n}\sum_{i=1}^{n}EX_i \right| < \varepsilon \right\} = 1.$$

证明 记 $Y_n = \frac{1}{n}\sum_{i=1}^{n}X_i$,则

$$EY_n = E\left(\frac{1}{n}\sum_{i=1}^{n}X_i \right) = \frac{1}{n}\sum_{i=1}^{n}EX_i,$$

$$DY_n = D\left(\frac{1}{n}\sum_{i=1}^{n}X_i \right) = \frac{1}{n^2}\sum_{i=1}^{n}DX_i \leqslant \frac{c}{n}.$$

由切比雪夫不等式,得

$$P\left\{ \left| \frac{1}{n}\sum_{i=1}^{n}X_i - \frac{1}{n}\sum_{i=1}^{n}EX_i \right| < \varepsilon \right\} \geqslant 1 - \frac{c}{n\varepsilon^2},$$

故

$$\lim_{n \to +\infty} P\left\{ \left| \frac{1}{n}\sum_{i=1}^{n}X_i - \frac{1}{n}\sum_{i=1}^{n}EX_i \right| < \varepsilon \right\} \geqslant 1.$$

又因为任何事件的概率不大于 1,所以有

$$\lim_{n \to +\infty} P\left\{ \left| \frac{1}{n}\sum_{i=1}^{n}X_i - \frac{1}{n}\sum_{i=1}^{n}EX_i \right| < \varepsilon \right\} = 1.$$

定理证毕.

这个结果在 1866 年被俄国数学家切比雪夫所证明,它是关于大数定律的一个相当普遍的结论,许多大数定律的古典结果是它的特例.此外,证明这个定律所用的方法也很有创造性,在这个基础上发展起来的一系列不等式是研究各种极限定理的有力工具.

下面,我们给出切比雪夫大数定律的特殊情况.

首先,我们来回答频率与概率的关系问题.在 n 重伯努利试验中,设事件 A 发生的次数为随机变量 X,p 是事件 A 在每次试验中发生的概率,记

$$X_i = \begin{cases} 1, & \text{第 } i \text{ 次试验中事件 } A \text{ 发生}, \\ 0, & \text{第 } i \text{ 次试验中事件 } A \text{ 不发生}, \end{cases} \quad i=1,2,\cdots,$$

则 $X = \sum_{i=1}^{n}X_i$. 由于 X_i 只依赖于第 i 次试验,而各次试验是相互独立的,因此 X_1,X_2,…,X_i,…相互独立,并且都服从 0—1 分布,故有

$$EX_i = p, \ DX_i = p(1-p) \leqslant \frac{1}{4}, \ i = 1, \ 2, \ \cdots.$$

由切比雪夫大数定律，可知

$$\lim_{n \to +\infty} P\left\{ \left| \frac{1}{n} \sum_{i=1}^{n} X_i - p \right| < \varepsilon \right\} = 1,$$

即

$$\lim_{n \to +\infty} P\left\{ \left| \frac{X}{n} - p \right| < \varepsilon \right\} = 1.$$

于是有如下定理：

定理 5.1.3（伯努利（Bernoulli）大数定律）　设 μ_n 是 n 重伯努利试验中事件 A 发生的次数，p 是事件 A 在每次试验中发生的概率，则对于任意给定的正数 ε，有

$$\lim_{n \to +\infty} P\left\{ \left| \frac{\mu_n}{n} - p \right| < \varepsilon \right\} = 1,$$

即 $\dfrac{\mu_n}{n} \xrightarrow{P} p$.

伯努利大数定律告诉我们，当试验次数 $n \to +\infty$ 时，事件 A 发生的频率依概率收敛于该事件的概率，即当 n 充分大时，"事件 A 发生的频率 $\dfrac{\mu_n}{n}$ 与它的概率 p 的偏差小于任意小的正数 ε"是几乎必定发生的．因此，我们通常把某事件发生的频率的稳定值作为该事件发生的概率．可以说，伯努利大数定律给"频率的稳定性"提供了理论依据．

伯努利大数定律建立了，在大量重复独立试验中事件出现频率的稳定性，正因为这种稳定性，概率的概念才有客观意义．伯努利大数定律还提供了通过试验来确定事件概率的方法，即通过大量试验确定某事件频率的稳定值并把它作为该事件概率的估计．这种估计方法称为参数的矩估计，它是数理统计中研究的参数估计方法之一，矩估计方法的理论根据就是大数定律．

另外，当随机变量序列 X_1，X_2，$\cdots$ 相互独立且服从相同的分布时，切比雪夫大数定律中关于方差存在的条件可以去掉，即有下面的定理．

定理 5.1.4（辛钦（Khinchine）大数定律）　若随机变量 X_1，X_2，$\cdots$ 相互独立且服从相同的分布，X_i 的数学期望 $EX_i = \mu$ 存在，$i = 1$，2，$\cdots$，则对于任意给定的正数 ε，有

$$\lim_{n \to +\infty} P\left\{ \left| \frac{1}{n} \sum_{i=1}^{n} X_i - \mu \right| < \varepsilon \right\} = 1,$$

即

$$\frac{1}{n} \sum_{i=1}^{n} X_i \xrightarrow{P} \mu.$$

证明略.

这个定理表明,当 n 充分大时,独立同分布且数学期望存在的随机变量序列 X_1,X_2,…的算术平均值依概率收敛于它们的期望值 $EX_i=\mu$,这意味着当 n 充分大时,它们的算术平均值几乎变成了一个常数(即期望值 μ).

5.2　中心极限定理

在实际问题中,一个现象或试验的结果往往受到大量随机因素的影响,就其单个因素来说,影响常常是微小的,但它们的综合影响常常能呈现出一定的规律性.例如,自动机床加工零件时所产生的误差受温度、湿度等随机因素的影响,其中每个因素的影响都独立地作用在零件上,引起微小的误差.现在需要考虑的是,所有这些影响的总和会对零件产生什么样的效果.换句话说,如果假设各随机因素的影响为 X_1,X_2,…,X_n,那么总的影响为 $Y_n=X_1+X_2+\cdots+X_n$.我们感兴趣的问题是,当 n 充分大时,随机变量 Y_n 有什么样的分布?一般而言,这种随机变量往往服从或近似地服从正态分布,这就是中心极限定理的实际背景.本节介绍三个常用的中心极限定理.

定理 5.2.1(林德伯格—列维(Lindeberg - Levy)中心极限定理)　设随机变量 X_1,X_2,…相互独立,且具有相同的分布,记

$$EX_i=\mu,\ DX_i=\sigma^2\neq0,\ i=1,\ 2,\ \cdots,$$

则对任意实数 x 有

$$\lim_{n\to+\infty}P\left\{\frac{\sum\limits_{i=1}^{n}X_i-n\mu}{\sqrt{n}\sigma}\leqslant x\right\}=\int_{-\infty}^{x}\frac{1}{\sqrt{2\pi}}e^{-\frac{t^2}{2}}dt=\Phi(x),$$

其中 $\Phi(x)$ 是标准正态分布的分布函数.

上述定理也常称为独立同分布的中心极限定理.此定理表示,当 n 充分大时

$$X=\frac{\sum\limits_{i=1}^{n}X_i-E\left(\sum\limits_{i=1}^{n}X_i\right)}{\sqrt{D\left(\sum\limits_{i=1}^{n}X_i\right)}}=\frac{\sum\limits_{i=1}^{n}X_i-n\mu}{\sqrt{n}\sigma}\overset{\text{近似地}}{\sim}N(0,1),$$

从而 $\sum\limits_{i=1}^{n}X_i$ 近似服从正态分布 $N(n\mu,n\sigma^2)$.若记 $\overline{X}=\frac{1}{n}\sum\limits_{i=1}^{n}X_i$,则上述结果可解释为,当 n 充分大时,

$$\frac{\overline{X}-E(\overline{X})}{D(\overline{X})}=\frac{\overline{X}-\mu}{\sigma/\sqrt{n}}\overset{\text{近似地}}{\sim}N(0,\ 1),\ \text{或}\ \overline{X}\overset{\text{近似地}}{\sim}N\left(\mu,\frac{\sigma^2}{n}\right).$$

这是独立同分布的中心极限定理的另一个形式. 也就是说, 当 n 充分大时, 均值为 μ, 方差为 $\sigma^2 > 0$ 的独立同分布的随机变量 X_1, X_2, $\cdots$, X_n 的算术平均

$$\overline{X} = \frac{1}{n} \sum_{i=1}^{n} X_i$$ 近似地服从均值为 μ, 方差为 σ^2/n 的正态分布.

下面介绍一个很有用的例子.

例 5.2.1(正态随机数的产生)　在蒙特卡罗方法中经常需要产生服从正态分布的随机数, 但是一般计算机只有能产生 $[0, 1]$ 区间上的均匀分布随机数(实际上是伪随机数)的程序. 怎样通过均匀分布随机数来产生正态分布随机数呢? 对这个问题有多种解决途径, 其中一种是利用上述定理来实现的.

设 X_1, X_2, $\cdots$ 是相互独立、均服从均匀分布 $U[0, 1]$ 的随机变量序列, 容易验证它们满足定理 5.2.1 的条件, 因此当 n 较大时, $X_1 + X_2 + \cdots + X_n$ 渐近于正态变量. 事实上, n 取不太大的值就可满足实际要求. 在蒙特卡罗方法中, 一般取 $n = 12$, 并用下式得到随机数序列

$$Y_k = \sum_{i=1}^{12} X_{12(k-1)+i} - 6, \quad k = 1, 2, \cdots.$$

显然 $\{Y_k\}$ 也是独立随机数序列, 而且 $EY_k = 0$, $DY_k = 1$. 经过检验证明, 这时 Y_k 的渐近正态性已能满足一般精度要求, 即近似地有 $Y_k \sim N(0, 1)$, $k = 1$, 2, $\cdots$.

例 5.2.2　某计算器进行加法时, 将每个数舍入至其邻近的整数. 设所有的舍入是独立的, 且舍入的误差值服从 $[-0.5, 0.5)$ 上的均匀分布.

(1) 若将 1 000 个数相加, 求误差总和的绝对值超过 10 的概率;

(2) 问最多有几个数相加, 可使得误差之和的绝对值小于 20 的概率不小于 0.90?

解　设 $X_i (i = 1, 2, \cdots)$ 为每个加数的舍入误差, 由题意可知 $X_i (i = 1, 2, \cdots)$ 独立且都服从 $[-0.5, 0.5)$ 上的均匀分布, 因此

$$EX_i = 0, \quad DX_i = \frac{[0.5 - (-0.5)]^2}{12} = \frac{1}{12}, \quad i = 1, 2, \cdots.$$

(1) 记 $X = \sum_{i=1}^{1000} X_i$, 则 $\dfrac{X}{\sqrt{1000/12}}$ 近似地服从标准正态分布 $N(0, 1)$, 所以

$$P\{|X| > 10\} = 1 - P\{-10 \leqslant X \leqslant 10\}$$

$$= 1 - P\left\{\frac{-10}{\sqrt{1000/12}} \leqslant \frac{X}{\sqrt{1000/12}} \leqslant \frac{10}{\sqrt{1000/12}}\right\}$$

$$\approx 1 - [\Phi(1.095) - \Phi(-1.095)]$$

$$= 2 - 2\Phi(1.095) = 0.2758.$$

（2）依题意，记 $Y = \sum\limits_{i=1}^{n} X_i$，要使得 $P\{|Y| < 20\} \geqslant 0.90$，根据定理 5.2.1

$$P\{|Y| < 20\} = P\{-20 < Y < 20\}$$

$$= P\left\{\frac{-20}{\sqrt{n/12}} < \frac{Y}{\sqrt{n/12}} < \frac{20}{\sqrt{n/12}}\right\}$$

$$\approx \Phi\left(\frac{20}{\sqrt{n/12}}\right) - \Phi\left(\frac{-20}{\sqrt{n/12}}\right) = 2\Phi\left(\frac{20}{\sqrt{n/12}}\right) - 1 \geqslant 0.90,$$

因此有

$$\Phi\left(\frac{20}{\sqrt{n/12}}\right) \geqslant 0.95 = \Phi(1.645),$$

$$\frac{20}{\sqrt{n/12}} \geqslant 1.645, \quad n \leqslant 1773.8,$$

即最多 1773 个数相加，可使得误差之和的绝对值小于 20 的概率不小于 0.90.

定理 5.2.2（李亚普诺夫（Lyapunov）中心极限定理）　设随机变量 X_1，X_2，…
相互独立，其数学期望和方差分别为

$$EX_i = \mu_i, \quad DX_i = \sigma_i^2 \neq 0, \quad i = 1, 2, \cdots.$$

记 $B_n = \sqrt{\sum\limits_{i=1}^{n} \sigma_i^2}$. 若存在 $\delta > 0$，使得当 $n \to +\infty$ 时，

$$\frac{1}{B_n^{2+\delta}} \sum_{i=1}^{n} E|X_i - \mu_i|^{2+\delta} \to 0,$$

则对任意的 x 有

$$\lim_{n \to +\infty} P\left\{\frac{1}{B_n} \sum_{i=1}^{n} (X_i - \mu) \leqslant x\right\} = \int_{-\infty}^{x} \frac{1}{\sqrt{2\pi}} \mathrm{e}^{-\frac{t^2}{2}} \, \mathrm{d}t = \Phi(x).$$

定理 5.2.2 也称为独立不同分布的中心极限定理. 这个定理说明，在该定
理的条件下，当 n 充分大时，随机变量

$$Z_n = \frac{\sum\limits_{i=1}^{n} X_i - E\left(\sum\limits_{i=1}^{n} X_i\right)}{\sqrt{D\left(\sum\limits_{i=1}^{n} X_i\right)}} = \frac{\sum\limits_{i=1}^{n} X_i - \sum\limits_{i=1}^{n} \mu_i}{B_n}$$

近似地服从正态分布 $N(0，1)$. 由此可知，当 n 充分大时，$\sum\limits_{i=1}^{n} X_i = B_n Z_n +$

$\sum\limits_{i=1}^{n} \mu_i$ 近似地服从正态分布 $N(\sum\limits_{i=1}^{n} \mu_i, B_n^2)$. 这就是说，无论各个随机变量 $X_i(i = 1，2，\cdots)$ 服从什么分布，只要满足定理的条件，当 n 充分大时，它们的和

$\sum\limits_{i=1}^{n} X_i$ 就近似地服从正态分布. 这就是正态随机变量在概率论中占有重要地位的一个基本原因. 在很多问题中, 所考虑的随机变量可以表示成很多个独立的随机变量之和. 例如, 在任一指定时刻, 一个城市的耗电量是大量用户用电量的总和; 一个物理试验的测量误差是由许多观察不到的、可加的微小误差合成的, 它们往往近似地服从正态分布.

大数定律断言: 当 $n \to +\infty$ 时, $P\left\{\left|\dfrac{\mu_n}{n} - p\right| < \varepsilon\right\}$ 趋于 1, 即 $\dfrac{\mu_n}{n}$ 接近于 p. 而下面的德莫弗－拉普拉斯极限定理则给出了 μ_n 的渐近分布的更精确表述.

定理 5.2.3(德莫弗－拉普拉斯(De Moivre‐Laplace)定理)　设 $X \sim B(n, p)$, 则对于任意 x 有

$$\lim_{n \to +\infty} P\left\{\frac{X - np}{\sqrt{np(1-p)}} \leqslant x\right\} = \int_{-\infty}^{x} \frac{1}{\sqrt{2\pi}} \mathrm{e}^{-\frac{t^2}{2}} \mathrm{d}t = \varPhi(x).$$

这个定理指出, 在 n 重伯努利试验中, 当试验次数 n 充分大时, 二项分布可以用正态分布近似, 即 X 近似服从正态分布 $N(np, np(1-p))$. 我们知道, X 为 n 重伯努利试验中事件 A 发生的次数, p 是事件 A 在每次试验中发生的概率. 若记

$$X_i = \begin{cases} 1, & \text{第 } i \text{ 次试验中事件 } A \text{ 发生}, \\ 0, & \text{第 } i \text{ 次试验中事件 } A \text{ 不发生}, \end{cases} \quad i = 1, 2, \cdots,$$

则 $X = \sum\limits_{i=1}^{n} X_i$. 因此 X 近似服从正态分布 $N(np, np(1-p))$ 等价于频率 μ_n/n 近似服从正态分布 $N(p, p(1-p)/n)$, 这里 $\mu_n = X$ 为 n 重伯努利试验中事件 A 发生的次数.

例 5.2.3　某工厂生产的某种产品, 其次品率为 0.01, 今取 500 个装一盒, 求一盒中次品数不多于 9 个的概率.

解　设 X 为盒中的次品数, 则 $X \sim B(500, 0.01)$, $EX = 500 \times 0.01 = 5$, $DX = 500 \times 0.01 \times 0.99 = 4.95$, 由定理 5.2.3, 所求概率为

$$P\{0 \leqslant X \leqslant 9\} = P\left\{\frac{0-5}{\sqrt{4.95}} \leqslant \frac{X-5}{\sqrt{4.95}} \leqslant \frac{9-5}{\sqrt{4.95}}\right\}$$

$$\approx \varPhi\left(\frac{9-5}{\sqrt{4.95}}\right) - \varPhi\left(\frac{0-5}{\sqrt{4.95}}\right) = \varPhi(1.8) - \varPhi(-2.25)$$

$$= 0.9641 - 0.0122 = 0.9519.$$

该问题也可用泊松分布近似计算. 由 $\lambda = np = 500 \times 0.01 = 5$, 可得

$$P\{0 \leqslant X \leqslant 9\} = \sum_{i=0}^{9} C_{500}^{i} 0.01^i 0.99^{500-i} \approx \sum_{i=0}^{9} \frac{5^i \mathrm{e}^{-5}}{k!} = 0.9682.$$

第 2 章中我们讨论过用泊松分布近似二项分布的结论. 一般来说, 在 np 适中且 p 较小的情况下, 用泊松分布近似比较有效, 而当 np 较大时, 用正态分布来近似二项分布比较好.

例 5.2.4 对于一个学生而言, 其家长来参加会议的人数是一个随机变量, 设一个学生无家长、1 个家长、2 个家长来参加会议的概率分别为 0.05, 0.8, 0.15. 若某学校共有 400 名学生, 设各学生参加会议的家长人数相互独立, 且服从同一分布.

(1) 求参加会议的家长总人数 X 超过 450 的概率;

(2) 求有 1 名家长来参加会议的学生人数不多于 340 的概率.

解 (1) 设 $X_i (i=1, 2, \cdots, 400)$ 为第 i 个学生来参加会议的家长人数, 则 X_i 的分布律为

X_i	0	1	2
p_i	0.05	0.8	0.15

易知 $EX_i = 1.1$, $DX_i = 0.19$, $i=1, 2, \cdots, 400$. 而 $X = \sum\limits_{i=1}^{400} X_i$. 由定理 5.2.1,

$$\frac{\sum\limits_{i=1}^{400} X_i - 400 \times 1.1}{\sqrt{400 \times 0.19}} = \frac{X - 400 \times 1.1}{\sqrt{400 \times 0.19}}$$

近似服从正态分布 $N(0, 1)$, 于是有

$$P\{X > 450\} = P\left\{\frac{X - 400 \times 1.1}{\sqrt{400 \times 0.19}} > \frac{450 - 400 \times 1.1}{\sqrt{400 \times 0.19}}\right\}$$

$$= 1 - P\left\{\frac{X - 400 \times 1.1}{\sqrt{400 \times 0.19}} \leqslant 1.147\right\}$$

$$\approx 1 - \Phi(1.147) = 0.1251.$$

(2) 以 Y 记有一名家长参加会议的学生人数, 则 $Y \sim B(400, 0.8)$, 由定理 5.2.3, 有

$$P\{Y \leqslant 340\} = P\left\{\frac{Y - 400 \times 0.8}{\sqrt{400 \times 0.8 \times 0.2}} \leqslant \frac{340 - 400 \times 0.8}{\sqrt{400 \times 0.8 \times 0.2}}\right\}$$

$$= P\left\{\frac{Y - 400 \times 0.8}{\sqrt{400 \times 0.8 \times 0.2}} \leqslant 0.25\right\}$$

$$\approx \Phi(2.5) = 0.9938.$$

习 题 5

1. 设 X 为随机变量，$EX=\mu$，$DX=\sigma^2$，试估计概率 $P\{|X-\mu|<3\sigma\}$.

2. 某路灯管理所有 20 000 只路灯，夜晚每盏路灯开的概率为 0.6，设路灯开关是相互独立的，试用切贝雪夫不等式估计夜晚同时开着的路灯数在 11 000～13 000 盏之间的概率.

3. 在 n 重伯努利试验中，若已知每次试验中事件 A 出现的概率为 0.75，请利用切比雪夫不等式估计 n，使 A 出现的频率在 0.74～0.76 之间的概率不小于 0.90.

4. 某批产品合格率为 0.6，任取 10 000 件，其中合格品在 5 980～6 020 件之间的概率是多少？

5. 某保险公司有 3 000 个同一年龄段的人参加人寿保险，在一年中这些人的死亡率为 0.1%. 参加保险的人在一年的开始交付保险费 100 元，死亡时家属可从保险公司领取 10 000 元. 求：

(1) 保险公司一年获利不少于 240 000 元的概率；

(2) 保险公司亏本的概率.

6. 计算器在进行加法时，将每个加数舍入最靠近它的整数，设所有舍入误差相互独立且在 $(-0.5, 0.5)$ 上服从均匀分布，

(1) 将 1 500 个数相加，问误差总和的绝对值超过 15 的概率是多少？

(2) 最多可有几个数相加使得误差总和的绝对值小于 10 的概率不小于 0.9？

7. 对敌人的防御地带进行 100 次轰炸，每次轰炸命中目标的炸弹数目是一个均值为 2，方差为 1.69 的随机变量. 求在 100 次轰炸中有 180～220 颗炸弹命中目标的概率.

8. 有一批建筑房屋用的木柱，其中 80% 的长度不小于 3 m，现从这批木柱中随机地取 100 根，求其中至少有 30 根短于 3 m 的概率.

9. 分别用切比雪夫不等式与德莫弗—拉普拉斯定理确定：当掷一枚硬币时，需要掷多少次才能保证出现正面的频率在 0.4～0.6 之间的概率不小于 0.9？

10. 已知在某十字路口，一周内事故发生数的数学期望为 2.2，标准差为 1.4，

(1) 以 $\overline{X}$ 表示一年内(52 周计)此十字路口事故发生数的算术平均，使用中心极限定理求 $\overline{X}$ 的近似分布，并求 $P\{\overline{X}<2\}$；

（2）求一年内事故发生数小于 100 的概率．

11. 为检验一种新药对某种疾病的治愈率为 80% 是否可靠，给 10 个患该疾病的病人同时服药，结果治愈人数不超过 5 人，试判断该药的治愈率为 80% 是否可靠．

12. 一公寓有 200 个住户，一个住户拥有汽车辆数 X 的分布律为

X	0	1	2
p_k	0.1	0.6	0.3

问需要多少车位，才能使每辆汽车都有一个车位的概率至少为 0.95？

13. 甲、乙两个戏院在竞争 1 000 名观众，假设每个观众可随意选择戏院，观众之间相互独立，问每个戏院应该设有多少座位才能保证因缺少座位而使观众离去的概率小于 1%．

附表 1 标准正态分布函数 $\Phi(x)$ 数值表

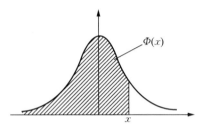

x	.00	.01	.02	.03	.04	.05	.06	.07	.08	.09
0.0	.500 0	.504 0	.508 0	.512 0	.516 0	.519 9	.523 9	.527 9	.531 9	.535 9
0.1	.539 8	.543 8	.547 8	.551 7	.555 7	.559 6	.563 6	.567 5	.571 4	.575 3
0.2	.579 3	.583 2	.587 1	.591 0	.594 8	.598 7	.602 6	.606 4	.610 3	.614 1
0.3	.617 9	.621 7	.625 5	.629 3	.633 1	.636 8	.640 6	.644 3	.648 0	.651 7
0.4	.655 4	.659 1	.662 8	.666 4	.670 0	.673 6	.677 2	.680 8	.684 4	.687 9
0.5	.691 5	.695 0	.698 5	.701 9	.705 4	.708 8	.712 3	.715 7	.719 0	.722 4
0.6	.725 7	.729 1	.732 4	.735 7	.738 9	.742 2	.745 4	.748 6	.751 7	.754 9
0.7	.758 0	.761 1	.764 2	.767 3	.770 4	.773 4	.776 4	.779 4	.782 3	.785 2
0.8	.788 1	.791 0	.793 9	.796 7	.799 5	.802 3	.805 1	.807 8	.810 6	.813 3
0.9	.815 9	.818 6	.821 2	.823 8	.826 4	.828 9	.831 5	.834 0	.836 5	.838 9
1.0	.841 3	.843 8	.846 1	.848 5	.850 8	.853 1	.855 4	.857 7	.859 9	.862 1
1.1	.864 3	.866 5	.868 6	.870 8	.872 9	.874 9	.877 0	.879 0	.881 0	.883 0
1.2	.884 9	.886 9	.888 8	.890 7	.892 5	.894 4	.896 2	.898 0	.899 7	.901 5
1.3	.903 2	.904 9	.906 6	.908 2	.909 9	.911 5	.913 1	.914 7	.916 2	.917 7
1.4	.919 2	.920 7	.922 2	.923 6	.925 1	.926 5	.927 9	.929 2	.930 6	.931 9
1.5	.933 2	.934 5	.935 7	.937 0	.938 2	.939 4	.940 6	.941 8	.942 9	.944 1
1.6	.945 2	.946 3	.947 4	.948 4	.949 5	.950 5	.951 5	.952 5	.953 5	.954 5
1.7	.955 4	.956 4	.957 3	.958 2	.959 1	.959 9	.960 8	.961 6	.962 5	.963 3
1.8	.964 1	.964 9	.965 6	.966 4	.967 1	.967 8	.968 6	.969 3	.969 9	.970 6
1.9	.971 3	.971 9	.972 6	.973 2	.973 8	.974 4	.975 0	.975 6	.976 1	.976 7

（续）

x	.00	.01	.02	.03	.04	.05	.06	.07	.08	.09
2.0	.977 2	.977 8	.978 3	.978 8	.979 3	.979 8	.980 3	.980 8	.981 2	.981 7
2.1	.982 1	.982 6	.983 0	.983 4	.983 8	.984 2	.984 6	.985 0	.985 4	.985 7
2.2	.986 1	.986 4	.986 8	.987 1	.987 5	.987 8	.988 1	.988 4	.988 7	.989 0
2.3	.989 3	.989 6	.989 8	.990 1	.990 4	.990 6	.990 9	.991 1	.991 3	.991 6
2.4	.991 8	.992 0	.992 2	.992 5	.992 7	.992 9	.993 1	.993 2	.993 4	.993 6
2.5	.993 8	.994 0	.994 1	.994 3	.994 5	.994 6	.994 8	.994 9	.995 1	.995 2
2.6	.995 3	.995 5	.995 6	.995 7	.995 9	.996 0	.996 1	.996 2	.996 3	.996 4
2.7	.996 5	.996 6	.996 7	.996 8	.996 9	.997 0	.997 1	.997 2	.997 3	.997 4
2.8	.997 4	.997 5	.997 6	.997 7	.997 7	.997 8	.997 9	.997 9	.998 0	.998 1
2.9	.998 1	.998 2	.998 2	.998 3	.998 4	.998 4	.998 5	.998 5	.998 6	.998 6

x	3.0	3.2	3.5	4.0	5.0
$\Phi(x)$	0.998 650	0.999 313	0.999 767	0.999 968 31	0.999 999 71

附表 2　泊松分布表

设 $X \sim P(\lambda)$，表中给出概率

$$P\{X \geqslant x\} = \sum_{r=x}^{+\infty} \frac{\mathrm{e}^{-\lambda} \lambda^r}{r!}$$

x	$\lambda=0.2$	$\lambda=0.3$	$\lambda=0.4$	$\lambda=0.5$	$\lambda=0.6$
0	1.0000000	1.0000000	1.0000000	1.000000	1.000000
1	0.1812692	0.2591818	0.3296800	0.323469	0.451188
2	0.0175231	0.0369363	0.0615519	0.090204	0.121901
3	0.0011485	0.0035995	0.0079263	0.014388	0.023115
4	0.0000568	0.0002658	0.0007763	0.001752	0.003358
5	0.0000023	0.0000158	0.0000612	0.000172	0.000394
6	0.0000001	0.0000008	0.0000040	0.000014	0.000039
7			0.0000002	0.000001	0.000003

x	$\lambda=0.7$	$\lambda=0.8$	$\lambda=0.9$	$\lambda=1.0$	$\lambda=1.2$
0	1.000000	1.000000	1.000000	1.000000	1.000000
1	0.503415	0.550671	0.593430	0.632121	0.698806
2	0.155805	0.191208	0.227518	0.264241	0.337373
3	0.034142	0.047423	0.062857	0.080301	0.120513
4	0.005753	0.009080	0.013459	0.018988	0.033769
5	0.000786	0.001411	0.002344	0.003660	0.007746
6	0.000090	0.000184	0.000343	0.000594	0.001500
7	0.000009	0.000021	0.000043	0.000083	0.000251
8	0.000001	0.000002	0.000005	0.000010	0.000037
9				0.000001	0.000005
10					0.000001

x	$\lambda=1.4$	$\lambda=1.6$	$\lambda=1.8$		
0	1.000000	1.000000	1.000000		
1	0.753403	0.798103	0.834701		
2	0.408167	0.475069	0.537163		
3	0.166502	0.216642	0.269379		
4	0.053725	0.078813	0.108708		
5	0.014253	0.023682	0.036407		
6	0.003201	0.006040	0.010378		
7	0.000622	0.001336	0.002569		
8	0.000107	0.000260	0.000562		
9	0.000016	0.000045	0.000110		
10	0.000002	0.000007	0.000019		
11		0.000001	0.000003		

$$P\{X \geqslant x\} = \sum_{r=x}^{+\infty} \frac{e^{-\lambda}\lambda^r}{r!} \qquad （续）$$

x	$\lambda=2.5$	$\lambda=3.0$	$\lambda=3.5$	$\lambda=4.0$	$\lambda=4.5$	$\lambda=5.0$
0	1.000000	1.000000	1.000000	1.000000	1.000000	1.000000
1	0.917915	0.950213	0.969803	0.981684	0.988891	0.993262
2	0.712703	0.800852	0.864112	0.908422	0.938901	0.959572
3	0.456187	0.576810	0.679153	0.761897	0.826422	0.875348
4	0.242424	0.352768	0.463367	0.566530	0.657704	0.734974
5	0.108822	0.184737	0.274555	0.371163	0.467896	0.559507
6	0.042021	0.083918	0.142386	0.214870	0.297070	0.384039
7	0.014187	0.033509	0.065288	0.110674	0.168949	0.237817
8	0.004247	0.011905	0.026739	0.051134	0.086586	0.133372
9	0.001140	0.003803	0.009874	0.021363	0.040257	0.068094
10	0.000277	0.001102	0.003315	0.008132	0.017093	0.031828
11	0.000062	0.000292	0.001019	0.002840	0.006669	0.013695
12	0.000013	0.000071	0.000289	0.000915	0.002404	0.005453
13	0.000002	0.000016	0.000076	0.000274	0.000805	0.002019
14		0.000003	0.000019	0.000076	0.000252	0.000698
15		0.000001	0.000004	0.000020	0.000074	0.000226
16			0.000001	0.000005	0.000020	0.000069
17				0.000001	0.000005	0.000020
18					0.000001	0.000005
19						0.000001

习 题 参 考 答 案

习　　题　　1

1. (1) 以 n 表示该班的学生人数，样本空间为 $\Omega=\{\dfrac{i}{n}\mid i=0,1,$
$2,\cdots,100n\}$；

(2) 样本空间为 $\Omega=\{10,11,12,\cdots\}$；

(3) 采用 0 表示检查到一个次品，以 1 表示检查到一个正品，样本空间为
$\Omega=\{00,100,0100,0101,0110,1100,1010,1011,0111,1101,1110,$
$1111\}$；

(4) 若取直角坐标系，则有 $\Omega=\{(x,y)\mid x^2+y^2<1\}$，若取极坐标系，
则有　　　　　　　　$\Omega=\{(\rho,\theta)\mid 0\leqslant\rho<1,0\leqslant\theta<2\pi\}$.

2. (1) $A\bar{B}\bar{C}$ 或 $A\backslash B\backslash C$ 或 $A\backslash(B\cup C)$；

(2) $A\bar{B}\,\bar{C}\cup\bar{A}\bar{B}\,C\cup\bar{A}\,B\bar{C}$；

(3) $A\cup B\cup C$ 或 $A\bar{B}\,\bar{C}\cup A B\bar{C}\cup\bar{A}\,B C\cup A B\bar{C}\cup A\bar{B}\,C\cup\bar{A}\,B C\cup A B C$；

(4) $A B\bar{C}\cup A\bar{B}\,C\cup\bar{A}\,B C$；

(5) $A B\cup A C\cup B C$ 或 $A B\bar{C}\cup A\bar{B}\,C\cup\bar{A}\,B C\cup A B C$；

(6) $\bar{A}\,\bar{B}\,\bar{C}\cup A\bar{B}\,\bar{C}\cup\bar{A}\,B\bar{C}\cup\bar{A}\,\bar{B}\,C$.

3. (1) $A B=\{x\mid 0.8<x\leqslant1\}$；

(2) $A\backslash B=\{x\mid 0.5\leqslant x\leqslant0.8\}$；

(3) $\overline{A\backslash B}=\{x\mid 0\leqslant x<0.5$ 或 $0.8<x\leqslant2\}$；

(4) $\overline{A\cup B}=\{x\mid 0\leqslant x<0.5$ 或 $1.6<x\leqslant2\}$.

4. $p=-3+\sqrt{11}$.

5. (1) 0；(2) 0.3；(3) 0.2.

6. $P(B)=1-p$.

7. $P(A\cup B\cup C)=0.9$.

8. 以 $A_i,i=1,2,3$ 表示事件"杯子中球的最大个数为 i"，则
$$P(A_1)=\frac{6}{16},\ P(A_2)=\frac{9}{16},\ P(A_3)=\frac{1}{16}.$$

9. $\dfrac{41}{90}$.

10. (1) $\dfrac{2}{5}$；(2) $\dfrac{1}{10}$；(3) $\dfrac{7}{10}$；(4) $\dfrac{3}{10}$；(5) $\dfrac{1}{5}$.

11. $\dfrac{1}{2}$.

12. $\dfrac{A_9^7}{9^7}$.

13. $\dfrac{1}{6}$.

14. $\dfrac{15}{64}$.

15. (1) 0.988；(2) 0.828 5.

16. $P(A \bigcup B) = 0.7$.

17. 设 A_i 表示事件"第 i 次取得合格品"，则 $P(\overline{A}_1 \overline{A}_2 A_3) \approx 0.008\,35$.

18. 设从第一个袋子摸出黑球为 A，从第二个袋中摸出黑球为 B，则

$$P(B) = P(B|A)P(A) + P(B|\overline{A})P(\overline{A}) = \dfrac{a}{a+b}.$$

19. 设 C 表示"机床停机"，则 $P(C) = 0.367$.

20. 设甲、乙、丙抽到难签的事件分别为 A，B，C，则

$$P(A) = P(B) = P(C) = \dfrac{4}{10}.$$

21. 设 A 表示"零件由甲生产"，B 表示"零件是次品"，则 $P(A|B) = 0.2$.

22. $\dfrac{1}{2}$.

23. 0.684.

24. 0.6.

25. 0.09.

26. 0.458.

27. 略.

28. 0.089.

29. 0.862 9.

30. KL 通达的概率为 $p^3(3 - p - 2p^2 + p^3)$；KR 通达的概率为 $p^2(2 + 2p - 5p^2 + 2p^3)$.

习　题　2

1. 随机变量 X 的所有可能取值为 1，2，3，4，5，6，分布律为

X	1	2	3	4	5	6
p_k	$\dfrac{11}{36}$	$\dfrac{9}{36}$	$\dfrac{7}{36}$	$\dfrac{5}{36}$	$\dfrac{3}{36}$	$\dfrac{1}{36}$

2. (1) $\dfrac{1}{3}$；(2) $\dfrac{1}{4}$.

3. X 的分布律为

X	0	1	2
p_k	$\dfrac{22}{35}$	$\dfrac{12}{35}$	$\dfrac{1}{35}$

分布函数为

$$F(x)=\begin{cases} 0, & x<0, \\ \dfrac{22}{35}, & 0\leqslant x<1, \\ \dfrac{34}{35}, & 1\leqslant x<2, \\ 1, & x\geqslant 2. \end{cases}$$

4. $e-1$.

5. (1) 0.072 9；(2) 0.008 56；(3) 0.999 54；(4) 0.409 51.

6. (1) 0.321；(2) 0.243.

7. (1) $\dfrac{1}{70}$；(2) 猜对 3 次的概率约为 3×10^{-4}，这个概率很小，根据实际推断原理，可以认为他确有区分能力.

8. (1) $e^{-\frac{3}{2}}$；(2) $1-e^{-\frac{5}{2}}$.

9. (1) 至少配备 4 人；(2) 约为 0.017 5；(3) 约为 0.014 4.

10. 0.2.

11. (1) $\ln 2$, 1, $\ln 1.25$；(2) $f(x)=\begin{cases} x^{-1}, & 1<x<e, \\ 0, & 其他. \end{cases}$

12. (1) $a=1$, $b=-1$；(2) $f(x)=\begin{cases} xe^{-\frac{x^2}{2}}, & x\geqslant 0, \\ 0, & x<0; \end{cases}$ (3) 0.25.

13. (1) $F(x)=\begin{cases} 0, & x<1, \\ 2x+\dfrac{2}{x}-4, & 1\leqslant x<2, \\ 1, & x\geqslant 2; \end{cases}$

(2) $F(x)=\begin{cases} 0, & x<0, \\ \dfrac{x^2}{2}, & 0\leqslant x<1, \\ -\dfrac{x^2}{2}+2x-1, & 1\leqslant x<2, \\ 1, & x\geqslant 2. \end{cases}$

14. $F_T(t)=\begin{cases} 1-\mathrm{e}^{-\frac{t}{241}}, & t\geqslant 0, \\ 0, & t<0; \end{cases}$ $\quad P\{50<T<100\}=\mathrm{e}^{-\frac{50}{241}}-\mathrm{e}^{-\frac{100}{241}}.$

15. 0.954 7.

16. $Y\sim B(5, \mathrm{e}^{-2})$，即 $P\{Y=k\}=C_5^k\mathrm{e}^{-2k}(1-\mathrm{e}^{-2})^{5-k}$，$k=0$，1，2，3，4，5；$P\{Y\geqslant 1\}\approx 0.5167$.

17. (1) 0.532 8，0.999 6，0.697 7，0.5；(2) $c=3$；(3) $d\leqslant 0.42$.

18. 应允许 σ 最大为 31.25.

19. 129.8.

20. 0.682.

21. 184 cm.

22. (1)

Y	0	π^2	$4\pi^2$
q_i	0.2	0.7	0.1

(2)

Y	-1	1
p_i	0.7	0.3

23. (1)

Y	-1	1	2
q_i	0.3	0.5	0.2

（2）

Y	1	2
p_i	0.8	0.2

24. （1）$f_Y(y)=\dfrac{1}{2\sqrt{2\pi}}e^{-(y+1)^2/8}$，$-\infty<y<+\infty$；

（2）$f_Y(y)=\begin{cases}\dfrac{1}{\sqrt{2\pi}\,y}e^{-(\ln y)^2/2}，& y>0，\\[2mm] 0，& y\leqslant 0；\end{cases}$

（3）$f_Y(y)=\begin{cases}\dfrac{1}{\sqrt{2\pi y}}e^{-y/2}，& y>0，\\[2mm] 0，& y\leqslant 0.\end{cases}$

25. （1）$f_Y(y)=\begin{cases}\dfrac{1}{2\pi}e^{y/2}，& -\infty<y\leqslant 2\ln\pi，\\[2mm] 0，& 2\ln\pi<y<+\infty；\end{cases}$

（2）$f_Y(y)=\begin{cases}\dfrac{1}{\pi\sqrt{1-y^2}}，& -1<y<1，\\[2mm] 0，& 其他；\end{cases}$

（3）$f_Y(y)=\begin{cases}\dfrac{2}{\pi\sqrt{1-y^2}}，& 0<y<1，\\[2mm] 0，& 其他.\end{cases}$

习　题　3

1. $\dfrac{3}{128}$.

2. （1）有放回摸取时的分布律为

X \ Y	0	1
0	$\dfrac{9}{25}$	$\dfrac{6}{25}$
1	$\dfrac{6}{25}$	$\dfrac{4}{25}$

（2）无放回摸取时的分布律为

Y X	0	1
0	$\frac{3}{10}$	$\frac{3}{10}$
1	$\frac{3}{10}$	$\frac{1}{10}$

3. （1）有放回摸取时，(X, Y)的边缘分布律为

Y X	0	1	$p_i.$
0	$\frac{9}{25}$	$\frac{6}{25}$	$\frac{3}{5}$
1	$\frac{6}{25}$	$\frac{4}{25}$	$\frac{2}{5}$
$p._j$	$\frac{3}{5}$	$\frac{2}{5}$	

（2）无放回摸取时，(X, Y)的边缘分布律为

Y X	0	1	$p_i.$
0	$\frac{3}{10}$	$\frac{3}{10}$	$\frac{3}{5}$
1	$\frac{3}{10}$	$\frac{1}{10}$	$\frac{2}{5}$
$p._j$	$\frac{3}{5}$	$\frac{2}{5}$	

此结果说明不同的联合分布律可以确定相同的边缘分布律，因此边缘分布不能唯一确定联合分布．

4. （1）(X, Y)的联合分布律为

Y X	0	1
-1	$\frac{1}{2}$	0
0	$\frac{1}{3}$	$\frac{1}{6}$

（2）(X, Y)的分布函数为

$$F(x,\ y)=\begin{cases}0, & x<-1 \text{ 或 } y<0, \\ \dfrac{1}{2}, & -1\leqslant x<0,\ y\geqslant 0, \\ \dfrac{5}{6}, & x\geqslant 0,\ 0\leqslant y<1 \\ 1, & x\geqslant 0,\ y\geqslant 1.\end{cases}$$

5. $(X,\ Y)$ 的联合分布律为

X \ Y	$-\dfrac{1}{2}$	1	3
-2	$\dfrac{1}{8}$	$\dfrac{1}{16}$	$\dfrac{1}{16}$
-1	$\dfrac{1}{6}$	$\dfrac{1}{12}$	$\dfrac{1}{12}$
0	$\dfrac{1}{24}$	$\dfrac{1}{48}$	$\dfrac{1}{48}$
$\dfrac{1}{2}$	$\dfrac{1}{6}$	$\dfrac{1}{12}$	$\dfrac{1}{12}$

6. (1) X 的分布律为

X	1	2	3	4
P	0	1	0	0

(2) Y 的分布律为

Y	1	2	3	4
P	0	$\dfrac{1}{2}$	0	$\dfrac{1}{2}$

7. (1) $\dfrac{1}{9}$；(2) $\dfrac{5}{12}$；(3) $\dfrac{8}{27}$.

8. (1) $F(x,\ y)=\begin{cases}(1-\mathrm{e}^{-2x})(1-\mathrm{e}^{-y}), & x>0,\ y>0, \\ 0, & \text{其他};\end{cases}$ (2) $\dfrac{1}{3}$.

9. $\dfrac{a^2}{1+a^2}$.

10. (1) $f(x,\ y)=\begin{cases}4, & (x,\ y)\in B, \\ 0, & \text{其他};\end{cases}$

(2) $F(x,\ y)=\begin{cases} 0, & x<-\dfrac{1}{2}\ 或\ y<0, \\ y(4x+2-y), & -\dfrac{1}{2}\leqslant x<0,\ 0\leqslant y<2x+1, \\ y(2-y), & x\geqslant0,\ 0\leqslant y<1, \\ (2x+1)^2, & -\dfrac{1}{2}\leqslant x<0,\ y\geqslant2x+1, \\ 1 & x\geqslant0,\ y\geqslant1. \end{cases}$

11. $f_X(x)=\begin{cases} 4(2x+1), & -\dfrac{1}{2}\leqslant x<0, \\ 0, & 其他. \end{cases}$ $\qquad f_Y(y)=\begin{cases} 2(1-y), & 0\leqslant y<1, \\ 0, & 其他. \end{cases}$

$P\left\{-\dfrac{1}{4}<X\leqslant0\ \middle|\ \dfrac{1}{2}<Y\leqslant1\right\}=1.$

12. $f_X(x)=\begin{cases} \dfrac{x}{2}, & 0\leqslant x\leqslant2, \\ 0, & 其他. \end{cases}$ $\qquad f_Y(y)=\begin{cases} 3y^2, & 0\leqslant y\leqslant1, \\ 0, & 其他. \end{cases}$

13. $f_X(x)=\begin{cases} 2.4x^2(2-x), & 0\leqslant x\leqslant1, \\ 0, & 其他. \end{cases}$

$\qquad f_Y(y)=\begin{cases} 2.4y(3-4y+y^2), & 0\leqslant y\leqslant1, \\ 0, & 其他. \end{cases}$

14. $f_{Y|X}(y|x)=\begin{cases} \dfrac{1}{2(1-x)}, & 0\leqslant y<2(1-x), \\ 0, & 其他. \end{cases}$

15. $f_{X|Y}(x|y)=\dfrac{6x^2+2xy}{2+y},\ f_{Y|X}(y|x)=\dfrac{3x+y}{6x+2},\ 0\leqslant x\leqslant1,\ 0\leqslant y\leqslant2.$

$P\left\{Y<\dfrac{1}{2}\ \middle|\ X=\dfrac{1}{2}\right\}=\dfrac{7}{40}.$

16. (1) X 和 Y 相互独立；(2) X 和 Y 不相互独立.

17. $a=\dfrac{2}{9},\ b=\dfrac{1}{9}.$

18. 12 题中的 X 和 Y 相互独立；13 题中的 X 和 Y 不相互独立.

19. $\dfrac{13}{24}\approx0.5417.$

20. 相互独立.

21. $\qquad F_X(x)=F(x,\ +\infty)=\begin{cases} 1-e^{-x}, & x\geqslant0, \\ 0, & x<0, \end{cases}$

$$F_Y(y) = F(-\infty,\ y) = \begin{cases} 1 - e^{-y}, & y \geqslant 0, \\ 0, & y < 0. \end{cases}$$

因为 $F(x,\ y) \doteq F_X(x)F_Y(y)$，所以 X 与 Y 相互独立.

22. $f_Z(z) = \begin{cases} 1 - e^{-z}, & 0 \leqslant z \leqslant 1, \\ (e-1)e^{-z}, & z > 1, \\ 0, & \text{其他.} \end{cases}$

23. $f_Z(z) = \begin{cases} \dfrac{1}{2\sigma^2} e^{-\frac{z}{2\sigma^2}}, & z > 0, \\ \\ 0, & z \leqslant 0. \end{cases}$

24. $f_Z(z) = \begin{cases} 4ze^{-2z}, & z > 0, \\ 0, & z \leqslant 0. \end{cases}$

25. $f_R(r) = \begin{cases} \dfrac{1}{15000}(600r - 60r^2 + r^3), & 0 \leqslant r < 10, \\ \\ \dfrac{1}{15000}(20-r)^3, & 10 \leqslant r < 20, \\ \\ 0, & \text{其他.} \end{cases}$

26. 由 X 和 Y 的密度函数可得 X，Y 的分布函数分别为

$$F_X(x) = \begin{cases} 0, & x < 0, \\ x, & 0 \leqslant x \leqslant 1, \\ 1, & x > 1, \end{cases}$$

$$F_Y(y) = \begin{cases} 0, & y < 0, \\ \dfrac{y}{2}, & 0 \leqslant y \leqslant 2, \\ 1, & y > 2, \end{cases}$$

于是
$$F_{\min}(z) = 1 - [1 - F_X(z)][1 - F_Y(z)]$$

$$= \begin{cases} 0, & z < 0, \\ 1 - (1-z)(1 - \dfrac{z}{2}), & 0 \leqslant z < 1, \\ 1, & z > 1 \end{cases}$$

$$= \begin{cases} 0, & z < 0, \\ \dfrac{z}{2}(3-z), & 0 \leqslant z < 1, \\ 1, & z > 1. \end{cases}$$

$$f_{\min}(z)=\begin{cases} \dfrac{3}{2}-z, & 0<z<1, \\ 0, & \text{其他}. \end{cases}$$

习 题 4

1. $E(X)=1$，$E(X^2+2)=3.5$，$D(X)=0.5$.

2. $E(X)=\dfrac{81}{64}$，$D(X)=\dfrac{1695}{64^2}$.

3. $E(X)=\dfrac{1}{3}$，$D(X)=\dfrac{1}{18}$.

4. $E(X)=0$，$D(X)=\dfrac{1}{6}$.

5. $E(X^2)=18.4$.

6. $E(3X-2)=4$.

7. 5.208 96.

8. $\dfrac{\pi}{12}(b^2+ab+a^2)$.

9. （1）$E(Y)=E(2X)=2$；（2）$E(Y)=E(\mathrm{e}^{-2X})=\dfrac{1}{3}$.

10. （1）$(X，Y)$的分布律为

X／Y	1	2	3
1	$\dfrac{1}{9}$	$\dfrac{2}{9}$	$\dfrac{2}{9}$
2	0	$\dfrac{1}{9}$	$\dfrac{2}{9}$
3	0	0	$\dfrac{1}{9}$

（2）$E(X)=\dfrac{22}{9}$，$E(X/Y)=\dfrac{16}{9}$.

11. $E(X)=\dfrac{7}{6}$，$E(Y)=\dfrac{7}{6}$，$E(XY)=\dfrac{4}{3}$，$E(X^2+Y^2)=\dfrac{10}{3}$.

12. （1）$E(X+Y)=\dfrac{3}{4}$，$E(2X-3Y^2)=\dfrac{5}{8}$；

（2）$E(XY)=\dfrac{1}{8}$，$D(X+Y)=\dfrac{5}{16}$.

13. 随机变量 $Z=2X-Y+3$ 的概率密度函数为

$$f(z)=\frac{1}{\sqrt{2\pi}\cdot 3}\mathrm{e}^{-\frac{(z-5)^2}{2\cdot 9}}=\frac{1}{3\sqrt{2\pi}}\mathrm{e}^{-\frac{(z-5)^2}{18}}.$$

14. 所求期望值为 $10\left(1-\dfrac{p}{10}\right)^{10}$.

15. 所求期望值为 35.

16. $E(X)=0.2$，$E(Y)=0.6$，$\mathrm{Cov}(X,Y)=0$.

17. $E(X)=\dfrac{2}{3}$，$E(Y)=0$，$\mathrm{Cov}(X,Y)=0$.

18.（1）$E(X)=0$，$D(X)=2$；（2）$\mathrm{Cov}(X,|X|)=0$，X 与 $|X|$ 不相关；（3）X 与 $|X|$ 不相互独立.

19. $n=6$，$p=0.4$.

20. $E(X)=\dfrac{1}{p}$，$D(X)=\dfrac{1-p}{p^2}$.

21. $E(Y)=0$，$D(Y)=1$.

22. $E(Y^2)=5$.

23.（1）(X_1,X_2) 的所有可能取值为 $(0,0)$，$(0,1)$，$(1,0)$，$(1,1)$，且

$P\{X_1=0,X_2=0\}=1-\mathrm{e}^{-1}$，$P\{X_1=0,X_2=1\}=0$，

$P\{X_1=1,X_2=0\}=\mathrm{e}^{-1}-\mathrm{e}^{-2}$，$P\{X_1=1,X_2=1\}=\mathrm{e}^{-2}$.

（2）$E(X_1+X_2)=\mathrm{e}^{-1}+\mathrm{e}^{-2}$.

24. $E[\,|X-Y|\,]=\dfrac{2}{\sqrt{2\pi}}$.

25.（1）$E(Z)=\dfrac{1}{3}$，$D(Z)=3$；（2）X 和 Z 的相关系数为 0.

26.（1）(X,Y) 的分布律为

X $\diagdown$ Y	0	1
0	$\dfrac{2}{3}$	$\dfrac{1}{12}$
1	$\dfrac{1}{6}$	$\dfrac{1}{12}$

（2）X 和 Y 的相关系数为 $\rho_{XY}=\dfrac{1}{\sqrt{15}}$.

27. X 和 Y 的相关系数为 $\rho_{XY}=-1$.

习 题 5

1. $P\{|X-\mu|<3\sigma\}\geqslant\dfrac{8}{9}$.

2. 设 X 为晚上开着的路灯数，则 $X\sim B(20000，0.6)$，由切比雪夫不等式有
$$P\{11000<X<13000\}=P\{|X-12000|<1000\}\geqslant0.9952.$$

3. $n\geqslant18750$.

4. 假设 X 表示任取 $10\,000$ 件产品中合格品的数量，由中心极限定理，
$$P\{5980<X<6020\}\approx2\Phi\left(\frac{20}{\sqrt{2400}}\right)-1=0.3182.$$

5. （1）由中心极限定理，保险公司一年获利不少于 $240\,000$ 元的概率近似等于 0.958；

（2）同理，保险公司亏本的概率近似等于 0.

6. （1）根据中心极限定理，所求概率近似等于 $0.180\,2$；

（2）最多可有 $n=443$ 个数相加使得误差总和的绝对值小于 10 的概率不小于 0.90.

7. 根据中心极限定理，所求概率近似等于 $0.876\,4$.

8. 根据中心极限定理，所求概率近似等于 $0.006\,21$.

9. 由切比雪夫不等式，需要掷 250 次；由德莫弗—拉普拉斯定理，仅需掷 68 次.

10. （1）根据中心极限定理 $P\{\overline{X}<2\}\approx0.1515$；（2）同理可得所求概率近似等于 $0.076\,4$.

11. 治愈率为 80% 的概率近似等于 $0.008\,9$，因此假定不可靠.

12. 根据中心极限定理，需要的车位数大约为 $n=254$.

13. 根据德莫弗—拉普拉斯定理，每个戏院大约应设 $n=537$ 个座位.

主 要 参 考 文 献

陈家鼎，孙山泽，李东风，刘立平．2004．概率统计讲义．北京：高等教育出版社．

陈希孺．2002．概率论与数理统计．北京：科学出版社．

何书元．2006．概率论．北京：北京大学出版社．

梁之舜，邓集贤，杨维权，司徒荣．2005．概率论与数理统计．北京：高等教育出版社．

林正炎，苏中根．2003．概率论．杭州：浙江大学出版社．

茆诗松，程依明，濮晓龙．2004．概率论与数理统计教程．北京：高等教育出版社．

盛骤，谢式千，潘承毅．2005．概率论与数理统计．北京：高等教育出版社．

苏淳．2004．概率论．北京：科学出版社．

孙荣恒．2006．应用概率论．北京：科学出版社．

王松桂，张忠占，程维虎，高旅端．2004．概率论与数理统计．北京：科学出版社．

王学民．2005．应用概率统计．上海：上海财经大学出版社．

魏振军．2005．概率论与数理统计三十三讲．北京：中国统计出版社．

吴坚，刘金山．2007．概率论．北京：中国农业出版社．

杨振明．2001．概率论．北京：科学出版社．

应坚刚，何萍．2005．概率论．上海：复旦大学出版社．

张国权．2005．应用概率统计．北京：科学出版社．

图书在版编目（CIP）数据

概率论 / 刘金山主编 . —北京：中国农业出版社，
2011.8（2017.8重印）
普通高等教育农业部“十二五”规划教材 全国高等
农林院校“十二五”规划教材
ISBN 978 - 7 - 109 - 15766 - 8

Ⅰ.①概⋯ Ⅱ.①刘⋯ Ⅲ.①概率论-高等学校-教
材 Ⅳ.①O211

中国版本图书馆 CIP 数据核字（2011）第 146690 号

中国农业出版社出版
（北京市朝阳区农展馆北路2号）
（邮政编码 100125）
策划编辑 朱雷 魏明龙
文字编辑 魏明龙

北京通州皇家印刷厂印刷 新华书店北京发行所发行
2011 年 8 月第 1 版 2017 年 8 月北京第 4 次印刷

开本：720mm×960mm 1/16 印张：9
字数：153 千字
定价：18.00 元
（凡本版图书出现印刷、装订错误，请向出版社发行部调换）